金属腐蚀和控制原理
难点及解析

林玉珍　编著

中国石化出版社

内 容 提 要

腐蚀与腐蚀控制原理中普遍存在难点集中、不易掌握和应用，本书将原理中的基本概念、基本理论、规律、影响因素和机制，从多个侧面、以多种形式并结合防腐实践提出各种问题，进行解析。内容包括基本术语、正确判断概念、看图和曲线解析问题、问答题以及腐蚀典型实例解析。本书的目的是使读者学懂并掌握基本概念，加深对腐蚀理论的理解，体验理论对解决实际腐蚀问题的指导意义。

本书是配合《腐蚀和腐蚀控制原理》学习的基本读物，也可供腐蚀工程科技工作者及高等学校相关专业的教师和学生阅读参考。

图书在版编目(CIP)数据

金属腐蚀和控制原理难点及解析／林玉珍编著. ——
北京：中国石化出版社，2015.6
ISBN 978 - 7 - 5114 - 3383 - 1

Ⅰ. ①金… Ⅱ. ①林… Ⅲ. ①腐蚀②金属 - 防腐
Ⅳ. ①TG17

中国版本图书馆 CIP 数据核字(2015)第 106830 号

中国石化出版社出版发行
地址:北京市东城区安定门外大街 58 号
邮编:100011　电话:(010)84271850
读者服务部电话:(010)84289974
http://www.sinopec-press.com
E-mail:press@sinopec.com
北京柏力行彩印有限公司印刷
全国各地新华书店经销
＊
710×1000 毫米 16 开本 12.25 印张 202 千字
2015 年 6 月第 1 版　2015 年 6 月第 1 次印刷
定价:36.00 元

前　　言

　　金属材料的腐蚀是一种自发倾向，它不以人们的主观意志而转移。据调查，腐蚀给国民经济带来的损失巨大，约占世界各国国民经济总产值的 1% ~ 5%，腐蚀损失远比自然灾害(地震、风灾、水灾、火灾等)损失的总和还要大。然而腐蚀又是可控的，各国腐蚀专家认为，如能应用腐蚀的基础知识和现代防腐蚀技术，腐蚀的经济损失可降低 25% ~ 30%。

　　腐蚀学科是一门融合多种学科的综合交叉学科，也是一门跨行业、跨部门、应用性很强的工程应用学科的新领域。读者普遍反映，金属腐蚀和控制原理中难点集中，不易掌握。为了帮助从事防腐蚀工作者理解学习，编写了这本书。其特点如下：

　　(1)突破同类书籍"习题集"的传统模式，对原理中的基本概念、基本规律及机制等采用多种形式从各侧面提出问题并进行解析，力求准确理解，真正学懂，便于掌握和应用。

　　(2)解析中，注重理论与防腐实践的"结合"，在"应用"中狠下功夫，以提高读者分析问题和解决问题的能力，从中体验理论指导实践的重要性，进一步激发学习的热情，努力开拓创新。

　　(3)本书融入了作者从事腐蚀调查、防腐蚀教学、科学研究以及实施防腐蚀工程 50 年的经验，对书中的内容作了精心选择和编排，文字叙述深入浅出，简明流畅。

　　本书是对金属腐蚀和控制原理中的难点、重点的进一步解读，可供腐蚀工程科技工作者及高等院校相关专业的教师和学生参阅。

　　由于水平所限，不妥之处在所难免，恳请专家和读者指正。

编著者

目　　录

第一部分 基本术语

基本术语

1 金属腐蚀与腐蚀控制
2 化学腐蚀与电化学腐蚀
3 全面腐蚀与局部腐蚀
4 氧化反应与还原反应
5 阳极与阴极、正极与负极
6 原电池与电解池
7 电极系统与电极反应
8 双电层与电极电位
9 完全极化电极、不完全极化电极与完全不极化电极
10 平衡电极电位与交换电流密度
11 共轭体系与混合电位
12 腐蚀体系、腐蚀电位与腐蚀电流
13 标准平衡电极电位与氢标度
14 电动序与电偶序
15 宏观腐蚀电池与微观腐蚀电池
16 理想电极与真实电极（腐蚀金属电极）
17 极化值与过电位
18 阴极极化与阳极极化
19 极化曲线、理想极化曲线与实测极化曲线
20 线性极化法与塔菲尔外推法
21 电极系统的等效电路与电化学阻抗谱
22 电化学极化与浓度极化
23 电位 - pH 图与腐蚀极化图
24 恒电流法与恒电位法
25 辅助电极、参比电极与盐桥
26 氢去极化（析氧）腐蚀与氧去极化（吸氧）腐蚀
27 金属的钝化与过钝化
28 化学钝化与阳极钝化

29 佛莱德电位 E_F 与稳定钝化电位 E_p。

30 钝化的成膜理论与钝化的吸附理论

31 孔蚀与缝隙腐蚀

32 丝状腐蚀与隧道腐蚀

33 应力腐蚀破裂与腐蚀疲劳

34 硫化物腐蚀破裂与碱脆

35 闭塞电池与自催化效应

36 晶间腐蚀及其两种腐蚀形式（焊缝腐蚀与刀口腐蚀）

37 选择性腐蚀及其两种腐蚀形式（黄铜脱锌与石墨化腐蚀）

38 电偶腐蚀与磨损腐蚀

39 高速流体引起的磨损腐蚀的两种特殊形式（湍流腐蚀与空泡腐蚀）

40 氢损伤及其主要腐蚀类型（氢脆、氢腐蚀、氢鼓泡）

41 微生物腐蚀及与腐蚀相关的主要微生物（喜氧菌、厌氧菌）

42 金属的高温氧化与露点腐蚀

43 辐射线与辐照腐蚀

44 介质处理与缓蚀剂

45 热力除氧与化学除氧

46 阳极抑制型缓蚀剂、阴极抑制型缓蚀剂与混合型缓蚀剂

47 缓蚀协同效应与复合冷却水缓蚀剂

48 电化学保护及其种类（阴极保护与阳极保护）

49 分散能力与电流遮蔽作用

50 外加电流阴极保护与牺牲阳极的阴极保护

51 牺牲阳极与辅助阳极

52 牺牲阳极填包料、辅助阳极床及填充料

53 防腐结构设计与合理的工艺防腐

54 涂料与涂装防腐

55 防腐蚀涂料与重防腐蚀涂料

56 防腐蚀涂层体系及其多层结构（底漆、中间层、面漆）

57 衬里技术及衬里材料的种类（金属材料、非金属材料）

58 化学处理膜层及其方法（氧化、磷化）

59 化学镀与电镀

60 阴极性镀层与阳极性镀层

61 热喷镀层、热浸镀以及热扩散层（渗镀）

62 阳极氧化与微弧阳极氧化

解 析

1 **金属腐蚀**：金属在周围介质作用下由于化学变化、电化学变化或物理溶解而产生的破坏。

腐蚀控制：利用防腐知识和各种防腐技术将腐蚀速度降低，控制在工程上允许的范围内。

2 **化学腐蚀**：金属表面与周围介质直接发生纯化学作用而引起的破坏。如金属在非电解质溶液中及金属在高温时氧化引起的腐蚀等。

电化学腐蚀：金属表面与离子导电的介质发生电化学反应而产生的破坏。如金属在各种酸、碱、盐类溶液中，在大气、海水和土壤等介质中所发生的腐蚀。

3 **全面腐蚀**：是指腐蚀分布在整个金属表面上，它可以是均匀的，也可以是不均匀的。如碳钢在强酸、强碱中的腐蚀属于此类。

局部腐蚀：是指腐蚀主要集中在金属表面的某一区域，而其余的表面部分几乎未被破坏。如孔蚀、缝隙腐蚀、应力腐蚀破裂等。

4 **氧化反应**：是指失去电子的反应。如

$$M^{n+} \cdot ne \longrightarrow M^{n+} + ne$$

还原反应：是指得到电子的反应。如

$$D + ne \longrightarrow D \cdot ne$$

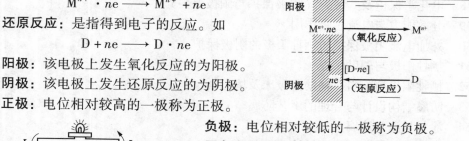

5 **阳极**：该电极上发生氧化反应的为阳极。

阴极：该电极上发生还原反应的为阴极。

正极：电位相对较高的一极称为正极。

负极：电位相对较低的一极称为负极。

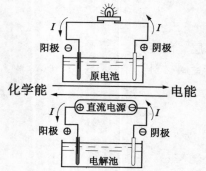

6 **原电池**：通过电池体系中的两个电极上发生电化学反应，从而能够输出电流，这种将化学能变为电能的装置称为原电池。

在该装置中：阳极上发生氧化反应，但电位相对较低，故原电池中"阳极"是"负极 ⊖"。阴极上发生还原反应，但电位却相对较高，所以原电池中的"阴极"是"正极 ⊕"。

电解池：外电源不断地向电池体系输送电流，而体系中的两个电极上分别持续地发生着电化学反应，生成新的物质，这种将电能变为化学能的装置称为电解池。在该装置中，"正极 $\oplus$" 就是"阳极"，其上发生着氧化反应；而"负极 $\ominus$"就是"阴极"，其上发生着还原反应。

7 电极系统：如果一个系统由两个相组成，其一是电子导电相（金属），另一是离子导电相（溶液），而且在两相之间，有电荷从一个相穿越界面转移到另一个相，这个系统统称为电极系统。

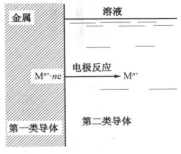

电极系统

电极反应：在电极系统中，伴随着两个非同类导体之间的电荷转移而在两相界面上发生的化学反应，称为电极反应。

8 双电层：一个金属电极浸入溶液中，由于金属相与溶液相的内电位不同，在这两相之间的界面是一层具有一定厚度 l 的过渡区，确切地说是一"相间区"。在相界区的一侧是作为电极材料的金属相，其内电位为 E_M；另一侧是溶液相，其内电位为 E_S。通常，把金属材料与溶液之间的相间区称为双电层。

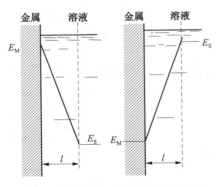

相界区中均匀电场下的电位分布示意

电极电位：在电极系统中，相界面的双电层，其一个侧面是带有某种符号电荷的金属表面，其另一个侧面是与之异号电荷的溶液中的离子。在这两个侧面之间主要是定向排列的水分子，双电层具有电位差值。通常，称相间区双电层的电位差值为电极电位。

尽管相界区电位差值并不大（约 1V），但由于相界区的厚度很小（约 1nm），因此相界区的电场强度可达 $10^7 V/cm$。这无疑对电极反应的速度有显著影响，甚至可改变电极反应的方向，即使保持电位不变，只要改变相界区的电位分布，也会对电极反应速度有一定影响。用化学方法无法实现的问题，用电化学的方法有望能实现。

9 完全极化电极：在这种电极系统中，当流过一个微小的外电流时，作为电极材料的金属相与溶液相之间没有电荷转移，亦即没有电极反应发生，全部电流只是用于改变界面的结构起着

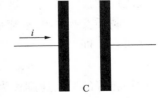

完全极化电极系统的等效电路

如同使"电容器"充电的作用，改变双电层两侧电荷数量，此时电极系统的相界区可用一个不漏电的电容器 C 来模拟，这种电极称为完全极化电极，亦称理想极化电极。通常在研究界面电性质时，选择这种电极系统比较方便。

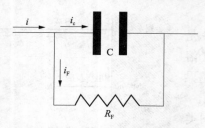

不完全极化电极系统
的等效电路

不完全极化电极： 对于这种电极系统，外电流的一部分使双电层两侧的电位差改变，为充电电流，亦称为非法拉第流 i_c；外电流的另一部分是进行电极反应的电流，称为法拉第流 i_F。这样的电极系统的相界区就像一个漏电的电容器，它的等效电路如图所示。是一个电阻 R_F 与一个电容器并联的结构。这种电极系统称为不完全极化电极。

不极化电极： 在这个电极系统中，电极反应的活化能非常低，反应过程很容易进行。当电极浸入溶液后，电极反应迅速达到平衡，如果电极上通以微小外电流，则几乎全部消耗在电极反应上，而双电层充电电流几乎小到可以忽略，$i_c \approx 0$ 电极电位的变化也很小，这种电极称为不极化电极。由于电极电位易达平衡电位，电位比较稳定，故这种电极常用来作为参比电极。可见：

①$R_F \to \infty$，完全极化电极；

②R_F 是有限值，不完全极化电极；

③$R_F \approx 0$，不极化电极。

10 **平衡电极电位 E_e：** 在金属与含有其本身离子的溶液构成的电极系统中，电极表面上只进行着一个电极反应，

$$M^{n+} \cdot ne \rightleftharpoons M^{n+} + ne$$

当反应达到平衡时，金属与溶液界面上就建立起一个不变的电位差值，这个差值就是金属的平衡电位 E_e。

交换电流密度 i^o： 当电极处于平衡状态时，电极表面上进行的氧化反应速度 i_a 与还原反应的速度 i_k 相等，这表明两相界面上微观的物质交换和电量交换均以相等的速度在进行，即：

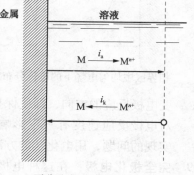

平衡电极电位的建立

$$i_a = i_k = i^o$$

这种相等的交换速度称为电极反应的交换电流密度 i^o。

11 共轭体系：一个没有电流在外线路流通的电极（称为弧立电极）上，可以同时进行两个不同的电极反应，当系统达到稳定时，一个是按这一电极反应的阳极反应方向进行，即：

$$M \xrightarrow{i_a} M^{n+}$$

一个是按另一电极反应的阴极反应方向以相等的速度（$i_a = i_k$）进行，即：

$$D \xrightarrow{i_k} [D \cdot ne]$$

这种现象称为电极反应的耦合，而互相耦合的反应称为共轭反应，相应的体系称为共轭体系。

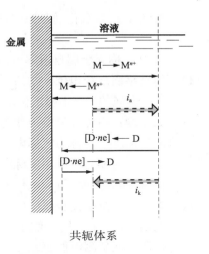

共轭体系

混合电位：在上述的共轭体系中，当两个不同的电极反应（其平衡电极电位分别为 $E_{e,M}$，$E_{e,D}$）在电极上耦合时，这一对共轭反应将偏离各自原来的平衡电位，共同在一个稳定电位 E 下进行。这个电位 E 的数值是在这两个电极反应的平衡电位值之间，即

$$E_{e,M} < E < E_{e,D}$$

所以把稳定电位 E 称之为这一对共轭反应的混合电位。

12 腐蚀体系：金属腐蚀时，在金属/溶液界面上至少有两个不同的电极反应同时在进行。一个是金属的电极反应，另一个是溶液中氧化剂在金属表面进行的电极反应。由于两个电极反应的平衡电位不同，当体系稳定时，它们将彼此相互极化至共同的电位 E_c，此时的腐蚀电化学反应是由一个金属电极反应的阳极过程和另一个溶液中氧化剂电极反应的阴极过程以相等的速度在进行着，这种稳定的非平衡状态称为腐蚀体系，实质上就是一个共轭体系。

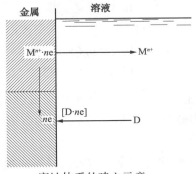

腐蚀体系的建立示意

腐蚀电位 E_c：是指金属电极在没有外加电流通过时，腐蚀体系达到一个稳定状态时的电位。故又称自腐蚀电位，简称腐蚀电位，实质上也就是共轭体系的混合电位。在该电位下，体系中没有电荷的积累，却有产物的生成和积累，是发生着腐蚀的非平衡状态。

腐蚀电流 i_c：在腐蚀电位 E_c 下，腐蚀体系达到了稳定状态，此时金属的溶

解速度 i_a 与氧化剂还原的速度 i_k 相等，即

$$i_a = i_k = i_c$$

式中 i_c 称为金属自溶解电流密度或腐蚀电流密度，简称腐蚀电流。

13 标准平衡电极电位：是指在标准状态（25℃，参加电极反应物质的活度 $a = 1$）下，金属的平衡电极电位。

氢标度：用标准氢电极作为参考电极而测出的相对电极电位值称为电极电位的氢标度或简称为氢标电位。由于电化学上规定了在任何温度下标准氢电极电位均为零，所以用氢标电位时计算最方便，因此通常的文献和数据表中除特殊注明外均为氢标电位。

14 电动序：是指按金属的标准平衡电极电位数值大小排列成的序列表。

电偶序：是指按同一腐蚀介质中金属与合金的腐蚀电位数值大小而排成的序列表。电偶序在预测电偶腐蚀方面比电动序有用，但它只能判断在偶对中的极性和腐蚀倾向，不能表示出实际的腐蚀速度，还应注意有时某些金属在具体介质发生变化时，双方的电位可以发生逆转。

15 宏观腐蚀电池：通常是指由肉眼可见的电极构成的"大电池"，常见的主要有：

①异种金属接触的电池：两种电位不同的金属或合金相接触时引起的电偶腐蚀。其中电位较负的金属为阳极而不断遭受腐蚀；而电位较正的为阴极而受到保护。

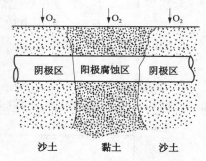

长输管线在结构不同的土壤中
形成的充气不均的宏电池

②浓差电池：由同种金属的不同区域所接触介质的浓度不同而形成。常见的是氧浓差或充气不均形成的电池。氧浓度较低处金属的电位较负，成为阳极而加速腐蚀。这是较为普遍、危害很大的一种。

微观腐蚀电池：是指由于种种原因金属表面产生电化学不均匀性（表面各部分电位不等）从而形成的许多用肉眼无法分辨出的微小电极而构成的电池。例如：

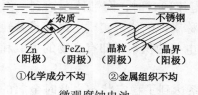

微观腐蚀电池

①化学成分不均引起的微电池，工业用金属材料大多含有不同的合金成分或杂质，在腐蚀介质中，基体金属与合金成分或杂质就构成了许多微小的短路微观腐蚀电池，杂质往往是阴极，起加速基体金属的腐蚀作用。

②金相组织不均构成的微电池。其中的晶界的电位比晶粒内部要低，晶界作为微电池的阳极，腐蚀首先从晶界就开始发生晶间腐蚀。

16 理想电极：是指不仅处于平衡状态时只有一对电极发生反应，而且处于极化状态时电极上仍然只发生原来的电极反应。

真实电极（腐蚀金属电极）：实际金属表面存在着电化学不均匀性，它进入溶液，会形成腐蚀电池，其阴、阳极就彼此极化形成了一个极化了的金属电极，当其稳定时，电极上至少同时进行着两个相互共轭的电极反应。

17 极化值：是指当电流通过真实电极时，电位随电流密度的变化而偏离腐蚀电位 E_c 的现象。其偏离的程度为极化值

$$\Delta E = E - E_c$$

过电位：是指当电流通过理想电极时，电位随电流密度变化而偏离平衡电位 E_e 的程度。

$$\eta = E - E_e$$

18 阴极极化：当电流通过电极时，电位向负值方向移动的现象。

阳极极化：当电流通过电极时，电位向正值方向移动的现象。

19 极化曲线：表示电极电位随极化电流或极化电流密度变化的关系曲线。

理想极化曲线：是指在理想电极上测得的极化曲线 $E_{e,a}B$ 和 $E_{e,k}D$。曲线的起点是平衡电极电位 E_e，随之向各自极化的方向变化。

实测极化曲线：是指在真实电极上测得的极化曲线 E_cB 和 E_cD。曲线的起点是腐蚀电位 E_c，随之向各自极化的方向变化。

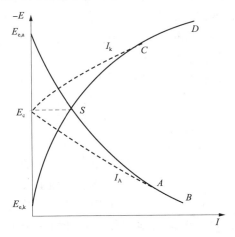

实测极化曲线 E_cB 和 E_cD 与理想极化曲线 $E_{e,a}B$ 和 $E_{e,k}D$

20 线性极化法：根据活化极化控制的腐蚀体系，微极化时的动力学近似公式

$$i_c = \frac{b_a b_k}{2.3\,(b_a + b_k)} \times \frac{1}{R_p} \quad (E_c \pm 10\text{mV 范围})$$

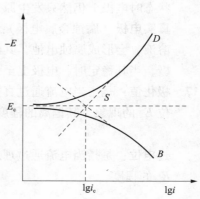

微极化区内 $E \sim i$ 极化曲线呈直线关系，R_p 就是该直线的斜率，称极化阻力，它与 i_c 成反比。因此利用微极化区中的 R_p 以及 Tafel 常数 b_a、b_k 即可计算出自腐蚀电流密度 i_c。这一方法称为线性极化法。它是一种快速测定金属瞬时腐蚀速度的方法，也是工业发展的产物。

塔菲尔外推法：对于活化极化控制的腐蚀体系在塔菲尔区（强极化区）的 E 与 i 存在下列半对数关系：

$$\lg i_c = \lg i_A - \frac{\Delta E_a}{b_a}$$

及

$$\lg i_c = \lg i_k + \frac{\Delta E_k}{b_k}$$

可见，在半对数坐标上实测的阴、阳极极化曲线，在强极化区呈直线关系（见图）。将此区的直线外推至腐蚀电位 E_c 处，所得的交点 S 相对应的电流 i_c 就是腐蚀电流。这一方法称之为塔菲尔外推法。值得注意的是：在强极化区中测得的腐蚀速度并不能真实地代表原来没有外加极化前的自腐蚀速度，因为强极化条件下表面腐蚀严重，误差大。但它简便、快速，用来相对比较腐蚀情况仍有应用价值。

21 电极系统的等效电路：被测电极系统的电学特性，可用一个简单的电路来表示，用以导出当电极系统在受到一个电学参量的作用时相应的另一个电学参量的变化情况。这种电路称电极系统的等效电路。最简单的电极系统的等效电路如左图所示。一个电极系统在受到扰动信号作用时所作的响应，决定于电极系统中各种动力学过

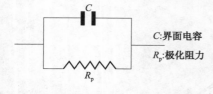

C：界面电容
R_p：极化阻力

电极系统的等效电路

程的特点。因此，每一个动力学过程，就可用一个电学上的线性元件或几个线性元件的组合来代表。知道了电极系统中各个动力学过程的具体情况

和相应的动力学参数，就可以作出它的等效电路。

电化学阻抗谱（EIS）： 阻抗测量原本是电学中研究线性电路网络频率响应特性的一种方法，后被用来研究电极过程，成为电化学研究的一种实验技术。

电化学阻抗谱是一种频率域的测量方法。是以不同频率的小幅值正弦波为扰动信号。由于是"小幅值"不仅避免对体系产生大的影响，而且可使扰动与体系的响应之间近似成线性关系，从而使测量结果的数学处理变得简单。它可以测量得到频率范围很宽的阻抗谱来研究电极系统，这就比其他常规的电化学方法得到更多的动力学信息及电极界面结构的信息。

可见，测量电极系统的交流阻抗，不外乎有两个目的：

① 确定它的等效电路，并与其他的电化学方法相结合，推测电极系统中包含的动力学过程及其结构。

② 如果等效电路为已知，或者可以提出一个为大家所接受的等效电路，确定等效电路中有关元件的参量值，从而估算有关的动力学参数。

22 电化学极化： 电极反应所需的活化能较高，即电荷转移的电化学过程速度变得最慢，成了整个电极反应过程的控制步骤，从而导致的极化称为电化学极化，又称活化极化。

浓度极化： 反应物从溶液相中向电极表面运动或产物自电极表面向溶液相内部运动的液相传质步骤很慢，成了整个电极反应过程的控制步骤，从而导致的极化称为浓度极化。

23 电位－pH 图： 该图是基于化学热力学原理建立起来的一种电化学平衡图，它是综合考虑了金属的氧化－还原电位与溶液中离子的浓度和酸度之间存在的函数关系，以相对于标准氢电极的电位为纵坐标，以 pH 值为横坐标绘制而成。为简便起见，往往将浓度变数指定一个数值（如 10^{-6} mol/L），则图中就明确表示出在某一电位和 pH 值的条件下体系的稳定物态或平衡状态。在腐蚀及其控制中它可用于判断腐蚀倾向，估计腐蚀产物和选择可能的腐蚀控制途径。

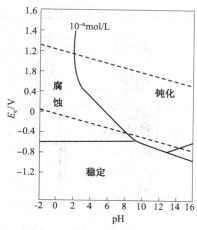

Fe－H_2O 体系简化的 E－pH 图

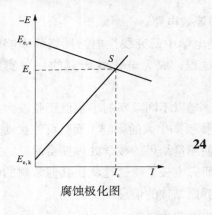

腐蚀极化图

腐蚀极化图：将分别测得的阴极极化曲线与阳极极化曲线绘制在同一个电位－电流坐标图上而作出的图称为腐蚀极化图。它经常用来解释腐蚀现象，判定腐蚀过程的主要控制因素和相对比较腐蚀速度大小等。

24　恒电流法：在测定电流与电位关系曲线时，给定一恒定电流值后，测定相应的电位值，这种方法称恒电流法（见图中曲线①）。该法测不出金属钝化曲线的全貌。

恒电位法：在测定中，给定一恒定电位值后测定相应的电流值，该法称恒电位法。当曲线中一个电流 i 值对应好多个电位 E 值时，就必须用恒电位法来测得（见图中曲线②）。

25　辅助电极：在腐蚀研究中，为改变被测金属电极表面的电化学状态，就需在测量系统中，设置一个对电极与被研究电极构成电的回路，这个对电极称之为辅助电极。

参比电极：由于单个的电极系统是个半电池，它的电极电位无法直接测得，必须将它与一个基准电极组成一个电池，测其电动势，从而得知待测电极的电位。

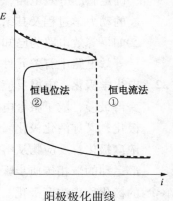

阳极极化曲线

这个基准电极是作为一个基准去测量未知电极的电位的，故称为参比电极。

参比电极要求电极电位很稳定、温度系数小、制备简单、使用方便、最好是不极化的电极。工程中使用的参比电极，还要求结实耐用，抗腐蚀，抗冲击性能好。

盐桥：两个组成或浓度不同的电解质溶液相接触的界面间存在着电位差，它称为液体接界电位（液接电位）。

若电化学测量中不能避免两种溶液直接接触时，常用盐桥来消除或造成可知的液接电位。

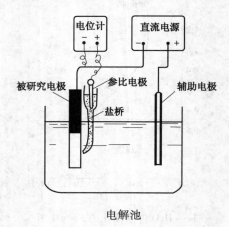

电解池

所谓盐桥是指将上述两种不同的电解质溶液隔离开的中间溶液，其中的溶液浓度越高越好，且所含正、负离子的迁移数较接近，常用的有饱和 KCl 溶液等。

26 **析氢腐蚀**：以氢离子作为阴极还原反应的腐蚀称为氢去极化腐蚀，又称析氢腐蚀。金属在酸溶液中腐蚀时，如果溶液中没有其他的氧化剂存在，则析氢反应就是唯一的腐蚀阴极反应，这是常见的危害性较大的一类腐蚀。

吸氧腐蚀：以氧作为阴极还原反应的腐蚀称为氧去极化腐蚀，并称为吸氧腐蚀。大多数金属在中性和碱性溶液中的腐蚀都属于氧去极化腐蚀。这是自然界普遍存在，也是破坏性最大的一类腐蚀。

27 **金属的钝化**：通常金属按阳极反应历程溶解时，电极电位越正，则金属的溶解速度随之越大，但也有许多情况下，金属的电极电位向正值方向移动，当超过一定的数值后，金属的溶解速度不但不继续随之增大，却反而剧烈地减小了。例如，铁和碳钢在硫酸中进行阳极极化时，便可观察到此种现象。金属阳极溶解过程中的这种"反常"现象称为金属的钝化。

金属的过钝化：把金属从钝态转变为活化态使腐蚀速度又剧烈地增加，称之为金属的过钝化。普通钢和合金钢钝态的保持是有条件的，如果氧化剂的浓度超出最适宜值或施加阳极电流使电位到达相当正的电位值后，金属上的钝化膜就会失去保护性，使金属从钝态转变为活态。

28 **化学钝化**：是指金属与钝化剂的自然作用而产生的钝化现象。铬、铝、钛等金属在空气中和很多种含氧的溶液中都易被氧所钝化，故常称这些金属为自钝化金属。

阳极钝化：是指金属用外加电流使其阳极极化从而获得的钝化状态。例如 $18-8$ 不锈钢在 30% 的硫酸中会剧烈地溶解。但当外加电流使其阳极极化至 $-0.1V$（S. C. E）之后，其溶解速度将迅速下降到原来的数万分之一。并且在 $-0.1 \sim +1.2V$ 范围内保持着高度的稳定性。这种现象称为阳极钝化，又称电化学钝化。

29 **佛莱德电位 E_F**：采用阳极极化法使金属处于钝态时，当断电后，电极电位开始迅速下降，然后在一段时间内，电位改变缓慢，最后又急剧地下降到金属的活化电位值。金属钝化状态便会受到破坏而重新回到活化状态。金属在刚回到活化状态时的电位称为佛莱德（Flade）

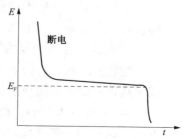

钝化金属电位随时间的改变情况

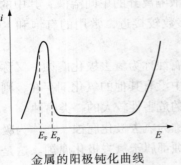

i

E_F E_p

E

金属的阳极钝化曲线

电位 E_F。它可用来衡量金属钝态的稳定性。例如：铁的佛莱德电位较正（$E_F^\circ = +0.63V$），表示其钝化膜有明显的活化倾向。而铬的 $E_F^\circ = 0.22V$，表示其钝化膜具有很好的稳定性。

稳定钝化电位 E_p：是指阳极致钝时，金属开始完全达到钝化状态时的电位。此时的金属表面全部被致密的氧化物层所覆盖，所以又称完全钝化电位。

30 钝化的成相膜理论：该理论认为，金属的钝化是因为在表面生成了一层致密、完整、有一定厚度的保护膜。这层膜是一个独立相，将金属与溶液机械地隔离开，致使金属的溶解速度大大下降。

钝化的吸附理论：该理论认为，引起金属的钝化并不一定要形成成相膜，而只要在金属表面或部分活性表面上生成氧和含氧粒子的吸附层就足够了。这一层吸附层至多只是单分子层甚至可以是不连续的，氧原子和金属最外层原子因化学吸附而结合，使金属表面的化学结合力饱和并改变了金属溶液界面的结构，从而大大提高了阳极反应的活化能，降低了金属阳极溶解过程使金属进入钝态。该理论认为钝化是由于金属本身因吸附使反应能力的降低而不是由于膜的机械隔离作用。但吸附论者，并不是完全否认膜的存在，只不过认为钝化膜不是钝化出现的起因，而是钝化产生后的结果。

31 孔蚀：在金属表面局部区域，出现向深处发展的腐蚀小孔，其余区域腐蚀很轻或不腐蚀，这种腐蚀形态称为孔蚀。一般蚀孔小（直径只有数十微米），通常沿重力方向或横向发展，在表面的分布有些较密集，有些则较分散。具有自钝化特性的金属，如不锈钢、铝和铝合金、钛和钛合金等在含氯离子的介质中，经常发生这类腐蚀。

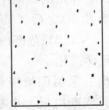 

不锈钢的孔蚀（试片）　蚀孔纵切面形貌

缝隙腐蚀：由于金属与金属或金属与非金属之间形成的特别小缝隙，其宽度一般是 $0.025 \sim 0.1mm$，致使缝内介质处于滞流状态，引起缝内金属的加剧腐蚀，这种局部腐蚀称为缝隙腐蚀。

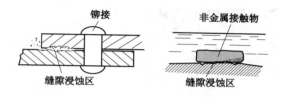

缝隙腐蚀示意图

许多金属构件，由于设计上的不合理或由于加工过程等关系都会造成缝隙腐蚀。例如法兰连接、螺母压紧面、锈层等。又如砂泥、积垢、杂屑等沉积在金属表面上，无形中均形成了缝隙。几乎所有的金属和合金都会产生缝隙腐蚀，而以具有自钝化特性的金属最为敏感；几乎所有的介质中都会引起缝隙腐蚀，而以充气的含有活性阴离子的中性介质中最易发生。

32 丝状腐蚀：是金属或非金属涂层下的金属表面发生的一种细丝状腐蚀。因多数发生在漆膜下面，故亦称膜下腐蚀。这种腐蚀形态最常见的是暴露在大气中盛食品或饮料的罐头外壳，在涂覆有锡、银、金、磷酸盐、瓷漆、清漆等涂层的钢、镁、铝金属表面上。可以说是缝隙腐蚀的一种特殊形式。

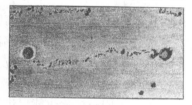

丝状腐蚀形貌

腐蚀特征：沿丝状迹线的腐蚀，在金属上挖出一条可觉察的小沟，丝宽为 $0.1 \sim 0.5mm$。腐蚀丝是由一个蓝绿色的活性腐蚀着的头部和一个棕色的腐蚀产物非活性尾巴构成。

隧道腐蚀：在金属表皮下向某个方向显示出一条很稀疏的腐蚀针孔带似隧道状的局部腐蚀，称隧道腐蚀。其表面依然比较光平，去除表面即显露出一条深沟。它是由孔蚀与缝隙腐蚀引起，其扩展性与它们相似，为自催化过程。

1C×18Ni9Ti 不锈钢隧道腐蚀形貌

33 应力腐蚀破裂（SCC）：是指受拉伸应力作用的金属材料在某些特定介质中由于腐蚀介质与应力的协同作用而发生的脆性断裂现象。应力腐蚀裂纹形貌如图示。这类腐蚀中的金属和介质有特定的组合，其中，拉伸应力与电化学

(a) 穿晶裂纹　　　(b) 晶间裂纹

304 不锈钢的应力腐蚀裂纹

因素两者缺一不可。应力的来源有：

①外加载荷引起的工作应力。

②加工过程中引起的残余应力。

压应力反而能减缓应力腐蚀。

腐蚀疲劳：材料或构件在交变应力和腐蚀环境共同作用下引起的脆性断裂称为腐蚀疲劳。它与应力腐蚀破裂不同，不需要材料与腐蚀环境的特殊组合。腐蚀疲劳裂纹多起源于表面腐蚀

蚀坑或表面缺陷，往往成群出现。其断口亦呈脆性断裂，没有明显宏观塑性变形，有疲劳特征（如疲劳辉纹）又有腐蚀特征（如腐蚀坑、腐蚀产物、二次裂纹等）。

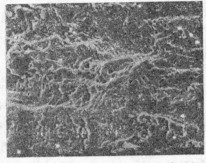

316L 不锈钢断口：疲劳条纹 + 腐蚀坑

34 **硫化物腐蚀破裂：**这种腐蚀是钢和其他高强合金在湿 H_2S 或其他硫化物中产生的脆性破裂。介质浓度和应力增大均会促进破裂，故它与应力腐蚀破裂有相同之处。但是，阴极极化也能促进破裂，因此，它也是氢脆型应力腐蚀破裂。由于环境中的 H_2S 通过腐蚀反应生成原子氢，而 H_2S 作为原子氢复合成分子的毒化剂，使得原子氢易进入钢的基体，最终造成材料的脆性断裂，故又称为硫化物应力腐蚀。

钢的强度和硬度是影响这种腐蚀破裂的重要因素，强度和硬度越高，则破裂的敏感性越大。经验表明：钢的强度在 $55kg/cm^2$ 级以下硬度在 HRC20 ～ 22 以下，一般来说是安全的。

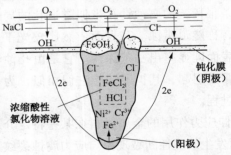

18 - 8 不锈钢在孔蚀中形成的闭塞电池

碱脆：热碱液中受应力的钢都有可能发生应力腐蚀破裂，亦称碱脆。例如氯碱工业中设备的高应力区（铆钉缝合处、焊接区或胀管等）常有高浓度碱与应力的联合作用而导致"碱脆"的发生。唯有镍和镍基合金耐碱脆性能较高。

35 **闭塞电池**：局部腐蚀中的电池，其阳极区相对阴极区要小得多，腐蚀产物易在阳极区出口处堆积并覆盖。这就造成了阳极区内溶液滞留，与阴极区之间物质交换很困难。这种电池称为闭塞电池。

自催化效应：在局部腐蚀（如孔蚀等）中，由于供氧差异引发形成了闭塞电池，造成孔内（阳极）金属溶解，阳离子增多，为保持孔的电中性，孔外 Cl^- 内迁，使氯化物浓集，氯化物强烈水解，又使孔内介质酸化，进而促进孔内金属更加溶解，阳离子更加增多……如此循环，致使孔内金属阳极溶解动力学规律改变，腐蚀进一步加剧，最终发生了严重的局部腐蚀。这种使金属腐蚀自动加速的作用，称为自催化效应。

36 **晶间腐蚀**：通常的金属材料为多晶结构，其中存在着晶界和晶粒两种不同的物理化学状态，在特定的使用介质中，由于微电池作用引起的沿着或紧挨着金属的晶粒边界发生的局部破坏，称为晶间腐蚀。这种局部破坏是从表面开始，沿晶界向内发展，直至整个金属由于晶界破坏而完全丧失强度。可见，当金属表面还看不出破坏时，实际晶粒间已完全失去了结合力，敲击金属时已失去金属声音，这是一种危害很大的局部腐蚀。

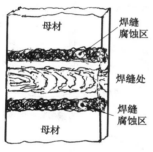

不锈钢的焊缝腐蚀

焊缝腐蚀：经固溶处理过的奥氏体不锈钢，经受焊接后，在使用过程中焊缝附近发生了腐蚀，腐蚀区通常是在母材板上离焊缝有一定距离的一条带上。这是由于在焊接过程中，这条带上经受了敏化加热的缘故。这种腐蚀称为焊缝腐蚀，亦是晶间腐蚀的一种形态。

刀口腐蚀：加有 Ti、Nb 且进行过稳化处理的不锈钢，焊接后在邻近焊缝的金属窄带上产生了严重的腐蚀而成深沟，人们形象地称之为刀线腐蚀，亦称刀口腐蚀。也是晶间腐蚀的一种形态。

37 **选择性腐蚀**：合金在腐蚀过程中，不是按合金比例侵蚀，而是发生了其中某种成分（一般是电位较低的成分）的选择性溶解，使合金的机械强度下降，这种腐蚀形态称之为成分选择腐蚀或称选择性腐蚀。最常见的是黄铜管在海水中的脱锌。

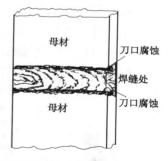

不锈钢的刀口腐蚀示意

黄铜脱锌腐蚀：含30%锌和70%铜的黄铜，在腐蚀过程中，其表面的锌逐

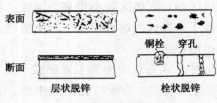

黄铜的选择性腐蚀

渐被溶解。通常有两种类型。层状脱锌，黄铜表面的锌像被一条条地被剥走似的，表面层机械强度大为下降，遇到水压力或外部应力作用时发生开裂而破坏。栓状脱锌时，栓状腐蚀产物便是多孔而脆性的铜残渣，易被水冲走导致材料穿孔而破坏。

石墨化腐蚀：石墨化腐蚀又称"石墨化"，是脱合金元素的一种形式，例如，灰口铸铁的石墨化。在灰口铸铁中，石墨以网络状分布在铁素体内，当介质为盐水、矿水、土壤（尤其含硫酸盐的土壤）或弱酸性溶液中，会发生铁基体的选择性腐蚀，石墨对铁为阴极，腐蚀电池中铁被溶解，形成石墨、孔隙和铁锈构成的多孔体且脆化，机械强度大大降低。石墨化过程虽缓慢，但不及时发现可使构件突然破坏。铁中加入百分之几的镍可大大降低石墨化。

38 **电偶腐蚀：**当两种不同电极电位的金属或合金相接触并处于电解液中时，电位较负的金属为阳极而不断遭受腐蚀，电位较正的金属为阴极得到保护，这种腐蚀称为电偶腐蚀，亦称接触腐蚀。钢质船壳与青铜推进器在海水中，由于钢质船壳电位相对较负成为

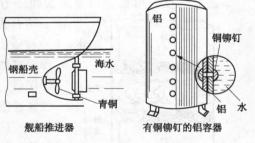

异种金属接触的电偶腐蚀

阳极而遭受加速腐蚀。铝制容器与铜铆钉在水中由于铝的电位相对较负成为阳极而发生局部腐蚀。

值得注意的是，有时，两种不同的金属虽然没有直接接触，但在意识不到时亦有引起电偶腐蚀的可能。例如，循环冷却系统中的铜零件，由于腐蚀下来的铜离子，通过扩散可在碳钢设备表面沉积，这些沉积的疏松铜粒子与碳钢间形成微电偶腐蚀电池，使碳钢设备发生严重的局部腐蚀。

不锈钢泵叶轮的磨损腐蚀　　蒸汽冷凝管弯头的磨损腐蚀

磨损腐蚀：是指腐蚀流体和金属表面间的相对运动而引起的金属加速破坏或腐蚀。一般这种运动的速度很快，同时还包括机械磨耗或磨损作用。从某种程度上讲，这种腐蚀是流动引起的，亦称流动腐蚀。

磨损腐蚀的外表特征是槽、沟、波纹、圆孔及山谷形，还常常显示方向性。暴露在运动流体中的所有类型设备、构件都会遭受磨损腐蚀。例如，管道系统，特别是弯头、肘管和三通、泵和阀及其过流部件、离心机、推进器、叶轮、搅拌器、换热器等。

39 高速流体引起的磨损腐蚀的两种特殊形式

湍流腐蚀：在设备或部件的某些特定部位，介质流速急剧增大形成湍流而导致的磨损腐蚀称之为湍流腐蚀。例如，管壳式热交换器，当流体刚进入口管端后少许的部位，正好是从大管径进入小管径的过渡区，流速突然增大形成了湍流，使磨损腐蚀严重，在生产中称之为"进口管腐蚀"。当流体进入列管后很快又恢复为层流，此时的磨损腐蚀又大大减轻。除流体的高速外，构件形状的不规则也是引起湍流的一个重要条件，如泵叶轮、蒸汽透平机的叶片等都容易形成湍流。遭到湍流腐蚀的金属表面，常呈现深谷或马蹄形的凹槽，一般按流体的流动方向切入金属的表面层，蚀谷光滑没有腐蚀产物积存。

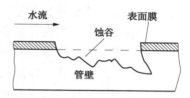

冷凝管内壁湍流腐蚀的示意

如果由高速流体或其中还含有颗粒、气泡的高速流体直接不断冲击金属表面所造成的磨损腐蚀又称为冲击腐蚀。

空泡腐蚀：是指流体与金属构件作高速相对运动，在金属表面局部地区产生涡流，伴随有气泡在金属表面迅速生成和溃灭而引起的腐蚀，又称空穴腐蚀或汽蚀。在高流速液体和压力变化的设备中，如水力透平机、水轮机翼、泵叶轮、螺旋桨等都容易发生空泡腐蚀。

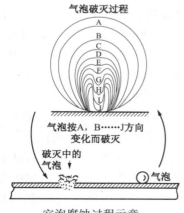

空泡腐蚀过程示意

当流速足够大时，局部区域压力降低，当低于液体的蒸汽压力时，液体蒸发形成气泡，随流体进入压力升高区域时，气泡会凝聚或破灭。气泡溃灭时产生的冲击波压力可高达410MPa。这一气泡迅速生成又溃灭过程以高速反复进行，如"水锤"作用使金属表面遭受严重的损伤破坏。

空泡腐蚀的表面显得十分粗糙，有时在局部区域会有裂纹出现。有时气泡破灭时其冲击波的能量甚至可把金属锤成细粒，此时的金属表面便呈海绵状。

40 **氢损伤**：是指金属材料中由于氢的存在或与氢相互作用，造成机械性能变坏的总称。无论是金属加工工业、化学工业还是石油工业均会碰到各种各样的氢损伤。特别在能源上用氢－氧反应作为产生电流的燃料电池和作为高能推进剂，也存在着许多氢损伤问题。

金属材料的氢损伤最常见的形式主要有：

①**氢脆**：是由于扩散到金属错位处的氢或生成金属氢化物所造成的材料脆化现象。这类氢脆可以是由于酸洗、电解或腐蚀反应所产生的氢造成，也可以是因为与氢接触所引起。氢脆尚未给材料造成永久性损伤时只要脱去氢，材料有望恢复原来的性能。氢脆也包括氢致应力开裂、氢环境脆化和氢致拉伸延性丧失等。

②**氢腐蚀**：是指在高温高压氢的作用下，钢中的渗碳体（Fe_3C）发生还原作用生成甲烷导致沿晶界的腐蚀，使材料的机械性能明显变差，造成材料的永久性损伤。即使从钢中除氢，这些损伤不能消除，机械性能也不能恢复，故又称不可逆氢脆。

大多数氢蚀时，伴有脱碳现象，但在较低温度条件下即使没有明显的脱碳现象也会发生晶界裂纹。

③**氢鼓泡**：扩散进入钢中的原子氢在非金属夹杂物分层或带状等缺陷处沉积成分子氢后就可形成鼓泡。随着原子氢的不断进入，在这些缺陷处会形成很高的分子氢压力，使鼓泡不断长大，包围鼓泡的金属也随之发生塑性变形，直至破裂。

氢鼓泡一般出现在延性较好的钢中，且在不会发生氢脆的条件下发生。氢鼓泡最常出现处于含硫化氢腐蚀环境的钢中或由电解致使氢进入的钢中。

41 **微生物腐蚀**：是指在微生物生命活动的参与下发生的腐蚀过程。凡是同水、土壤或湿润空气相接触的金属设施都可能遭到微生物的腐蚀。例如，油田汽水系统、深水泵循环冷却系统、水坝、码头、海上采油平台、飞机燃料箱等一系列装置等都遭受过微生物腐蚀。

与腐蚀有关的主要微生物：这些微生物主要是细菌类，故往往也称为细菌腐蚀。其中最主要的是直接参与自然界硫、铁循环的微生物，常见的有：

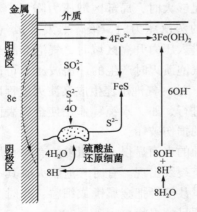

硫酸盐还原菌腐蚀过程

①**喜氧菌**（或称嗜氧性菌）：指环境中有游离氧的条件下才能生存的一类细菌，其中的铁细菌能把硫化物氧化成硫酸；硫氧化菌可把单质硫、硫代硫酸盐氧化成硫酸，即产生很强的酸加剧了腐蚀。

②**厌氧菌**：是指在缺乏游离氧或几乎无游离氧的条件下才能生存，有氧反而不能生存的一类细菌。如硫酸盐还原菌，它的活动能促进腐蚀的阴极反应从而加剧腐蚀，也可提供活性硫化物如 H_2S 等，可使钢铁腐蚀加剧进行。

42 金属的高温氧化：金属与环境中的氧化合，在高温下形成氧化物的过程，称为金属的高温氧化。这类腐蚀属于化学腐蚀，通常当温度小于 500℃ 时，由于氧化的速度小，腐蚀也较轻，当温度高于 500℃ 时腐蚀速度显著增大。例如铁在空气中的氧化，当温度小于 570℃ 时，氧化膜由 Fe_3O_4 和 Fe_2O_3 组成；当温度大于 570℃ 时，氧化膜由 FeO、Fe_3O_4 及 Fe_2O_3 组成，其中 FeO 最厚，约占膜厚的 90%。铁在 570℃ 以下，有良好的抗氧化性；而高于 570℃ 时，其抗氧化性急剧下降。

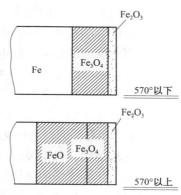

铁在空气中氧化在其表面上形成氧化物的示意

可见，金属上的氧化物，其性质和结构决定金属是否能抗高温的氧化。如果氧化物膜完整、致密、稳定且与基体的结合牢固，与基体的膨胀系数相差很小的，则有保护性。常见的具有保护性氧化膜的有 Al_2O_3、Cr_2O_3、SiO_2 以及稀土氧化物 CeO_2、Y_2O_3、$YCrO_3$ 等，它们可改善氧化物高温稳定性、附着性，提高抗氧化性能。

工程上很少使用很难氧化的贵金属，如 Au、Ag、Pt 等，而是通过合金化来提高钢和合金抗氧化性能的方法。通常加入 Cr、Al、Si 等可显著提高钢的抗高温氧化性能。

露点腐蚀：当金属表面处在比其温度高的空气中，空气中含有的水蒸气将以液体凝结在金属表面上，这种现象称为结露。使空气中的水蒸气凝结成液体的温度称为露点。金属表面的结露使原来的化学腐蚀转成为在液膜下的电化学腐蚀，腐蚀速度急剧增大，这种腐蚀称为露点腐蚀。

例如：干燥的大气腐蚀，由于金属表面不存在液膜发生化学腐蚀，腐蚀很轻。随着空气中相对湿度足够高或有雨、雪、泡沫等直接在表面上时，金属表面存在着液膜，化学腐蚀转变成电化学腐蚀，腐蚀速度显著增大。另外在换热器中局部过冷的部位，排放热烟气的钢制烟囱绝热保温缺失、散热严重的部位，都发生过露点腐蚀。

43 辐射线： 核反应堆是一个强大的核辐射源。核电站中常接触到的有 X 射线、β 射线、γ 射线和中子流、质子流等，这些射线对材料的腐蚀会起一定作用。因此，核电系统选材时，即使被其他工业应用证明是耐蚀的任何材料，也必须研究、了解其辐照腐蚀问题。实践证明，铝、锆、不锈钢等有一定的耐辐照腐蚀性。

辐照腐蚀： 辐照对金属的腐蚀是通过辐解效应、辐照－电化学效应、结构效应以及腐蚀产物的活化来影响辐照腐蚀。

①辐解效应及其影响：辐解效应是指腐蚀性介质被辐照分解导致成分的改变而对腐蚀的影响。核电系统中常用水作为核反应堆的冷却剂，水辐解的氧化性组分（如 O_2、H_2O_2）的还原会加速腐蚀的阴极过程，对于不可钝化的金属会加速腐蚀，例如在充气的除盐水中，稳定的氧化性辐照产物 O_2、H_2O_2 等的浓度可达 0.01mol/L，辐解产物的产生将使碳钢的高温腐蚀加速 3 倍左右。而对可钝化金属，例如铝及其合金在含氧水中，辐射虽使阴极过程加快，但阳极过程基本没有变化，腐蚀电位仍处于钝化区。因此辐照对钝化性能强的金属的耐蚀性一般说来影响不大。

②辐照－电化学效应及其影响：是指辐照下，金属表面原子吸收辐射能后使能量增高，这有利于电化学反应进行，使腐蚀速度有所提高。

③结构效应及其影响：是指辐射相变、微观缺陷的形成而对腐蚀的影响。在中子辐照下，18－8 型奥氏体不锈钢会发生从奥氏体到铁素体的转变，使钢在含氯化物介质中的耐蚀性降低。中子辐照也会使氧化锆的单斜晶体结构转变为斜方结构，改变了氧化膜的保护结构。氧化膜的辐射损伤形成的缺陷加速了扩散过程，使腐蚀增大。

总之，反应堆材料在水溶液中的辐照腐蚀，是多因素协同作用的复杂过程。许多实验都同样表明，具有保护性氧化膜的金属材料如锆合金、不锈钢等在反应堆的运行温度下，辐照将使其腐蚀速度增大 1.2～4.4 倍，并随着辐照剂量的进一步增高，辐照增强腐蚀的效应也更为明显。

④腐蚀产物的活化及其影响：和其他高温水系统不同，反应堆的高强度辐射场会使冷却剂和腐蚀产物活化。通常，反应堆用材料的腐蚀速度很低，但由于冷却剂对材料的浸润面积相当大，如果核电站安全运行 40 年，腐蚀产物释放的总量非常可观。这些溶解或悬浮在冷却剂中的腐蚀产物流经或沉积在堆芯，被中子活化。活化的腐蚀产物逐渐布满整个回路，成为冷却

剂放射性的主要来源。因此，一个核电站每年用高额费用对辐射场内进行维修和保养，使腐蚀产物的放射性不超过电站的允许水平，也是减少辐照腐蚀的一个主要方面。

44 介质处理：介质处理主要是降低或去除介质中对腐蚀有害的成分。主要有：

去除介质中溶解的氧：水中的溶解氧会使金属引起氧去极化腐蚀。例如锅炉给水的除氧是防止腐蚀的有效措施，许多电厂就是采用热力法除氧，这种方法不加化学药品，不会带来水汽质量的污染问题。

降低气体介质中的湿分：气体介质中水分的含量及水的存在形态是影响腐蚀的关键。当气体中含水分较多时，就有可能在金属表面形成冷凝水膜，而使腐蚀加剧。例如，湿氯、湿氯化氢比干氯、干氯化氢对金属的腐蚀要严重得多。湿大气腐蚀要比干大气腐蚀严重，而且腐蚀率往往随气体的相对湿度增加而增加，因此，降低气体介质中的湿分是减缓金属腐蚀的有效途径之一。

调节介质的 pH 值：在工业冷却用水和锅炉给水中，如果水中含有酸性物质，使其 pH 值偏低，当 pH <7 时，可能发生氢去极化腐蚀，而且在酸性介质中钢的表面也不易生成保护膜。此时，若提高水的 pH 值，是防止氢去极化腐蚀和表面保护膜被破坏的有效措施，通常是加氨和胺处理。

①加氨处理：最实用的方法是在水中加氨水，以中和 CO_2 而提高其的 pH 值。加氨调节给水的 pH 值，也是目前许多电厂常采用的防腐措施，它可减轻水中 CO_2 对钢和铜的腐蚀。

生产实践已经证明：加氨处理防腐效果显著，但必须保证汽水系统中的氧含量非常低（不存在氧化性物质），且加氨量也不能过多。因为氨与铜能生成铜氨络离子 $Cu(NH_3)_4^{2+}$。水中有氨，还有溶解氧时，确有可能使黄铜也遭受腐蚀。所以正确进行加氨处理，不仅可减缓热力系统设备的腐蚀，而且可使系统中汽水的含铁量、含铜量降低，也有利于消除锅炉内部形成的水垢和水渣。通常加氨量以使给水的 pH 值为 8.5～9.2 为宜。

②加胺处理：某些具有碱性的胺也能中和水中的 CO_2 来提高 pH 值，胺不会与铜等离子形成络合离子，宜用于给水处理，并避免造成有黄铜腐蚀的危险，但其缺点是药品的价格较贵。

缓蚀剂：缓蚀剂是一种以适当浓度和形式存在于介质（环境）中，可以防止或降低腐蚀的物质或复合物。尽管有缓蚀性能的物质不少，但是真正有实用价值的缓蚀剂并不多。只有那些加入浓度很低，价格便宜，且对环境无污染，又能显著降低金属腐蚀的物质，才有广阔的应用前景。

由于缓蚀剂防腐设备简单、使用方便，投资少，收效大，且整个系统中凡是与介质接触的设备、管道、阀门、机器、仪表等均可受到保护，这一点是任何其他防腐措施都不可比拟的。因此，在石油、化工、钢铁、机械、动力等部门广泛应用。

必须注意，缓蚀剂的应用有严格的选择性，它的保护效果与金属材料、介质条件及缓蚀剂的种类和用量等均有密切关系，而缓蚀剂的使用浓度又随种类和使用条件的不同而不同。因此采用缓蚀剂防腐蚀，应具体问题具体分析，认真考虑其适用条件。

45　热力除氧： 由气体溶解定律可知，气体在水中的溶解度与该气体在液面上的分压成正比。因此若在敞口体系中，随水温的升高，气水界面上的水蒸气分压增大，其他气体的分压降低，则在该水中的溶解度就下降；当水达到沸点时，气水界面上水蒸气的压力和外界压力相等，其他气体的分压都为零，也就是说，这时的水不再具有溶解气体的能力。根据这个道理，将水加热至沸点可使水中的氧和其他各种气体解析出来的方法称为热力除氧。

热力法不仅能除去水中的氧和 CO_2，而且还会使水中的 HCO_3^- 分解，除去游离的 CO_2。如果温度越高，加热时间越长，加热蒸汽中的 CO_2 浓度越低，HCO_3^- 的分解率越高，其出水的 pH 值也越高。

热力除氧器的结构应注意水和汽的分布均匀，流动畅通，且水汽之间要有足够的接触时间。否则气相中残留氧量较多，也会影响水中氧的逸出度，致使出水中的残留氧量升高，造成腐蚀隐患。

化学除氧： 往水中加化学药剂使氧被消耗掉以达到除氧的目的。用于化学除氧的药剂必须要能和氧快速、完全地反应，药剂本身和其反应产物对锅炉运行无害。例如，电厂中常用的化学除氧的药品有联氨、亚硫酸钠等。

①联氨除氧的还原反应如下：

$$N_2H_4 + CO_2 \longrightarrow N_2 + H_2O$$

其反应产物 N_2 和 H_2O 对热力系统无害。当温度高于 200℃ 时，水中的 N_2H_4 还可将 Fe_2O_3 还原成 Fe_3O_4、FeO 以至 Fe，同样可将 CuO 还原成 Cu_2O 以至 Cu。因此联氨的这些性质对防止锅炉内结铁垢和铜垢均有利。

联氨除氧的合理条件为：温度 200℃ 左右，pH 值为 9～11 的碱性介质或适当过量。在电厂中常用的处理剂为40% $N_2H_4 \cdot H_2O$ 溶液，给水中的联氨的量可控制在 20~50μg/L。但应用中要特别注意联氨有挥发性、有毒、易燃，因此在运输、储存、化验及使用过程中要注意安全。

②亚硫酸钠除氧的还原反应如下：

$$2Na_2SO_3 + O_2 \longrightarrow Na_2SO_4$$

反应产物可增加水中的盐量，高温时，亚硫酸钠的水溶液可能会分解而产生有害物质 SO_2、H_2S 等气体，当被蒸汽带入汽轮机后，会腐蚀汽轮机叶片，甚至腐蚀凝汽器、加热器铜管和凝结水管道。因此这种方法只在中压电厂中应用，高压电厂则不用。

46 阳极抑制型缓蚀剂：是指能够抑制腐蚀的阳极反应的缓蚀剂。

①本身具有氧化性的此类缓蚀剂。如重铬酸钾、铬酸钾、硝酸钠等。

②本身并没有氧化性的此类缓蚀剂。如磷酸盐、硅酸盐、碳酸盐、苯甲酸盐等，它们在溶液中必须要有溶解氧存在才起缓蚀作用。这些阴离子缓蚀剂，多为强碱弱酸盐，在水中水解产生氢氧根离子并在金属表面形成钝化氧化物，有效阻止铁及其合金的腐蚀。

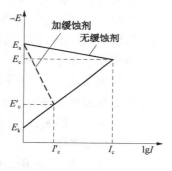

阳极型缓蚀剂

这类缓蚀剂的加入，使阳极极化增大，降低阳极反应的速度，从而使金属腐蚀受到强烈的抑制。其中能使金属钝化的缓蚀剂都有一个临界浓度，"过"与"不足"非但不起缓蚀作用，反而造成局部腐蚀。所以这类缓蚀剂也称为"危险性缓蚀剂"，使用时必须注意维持适当的浓度才有良好的缓蚀效果。另外，侵蚀性"氯离子"也会影响这类缓蚀剂的缓蚀效果。

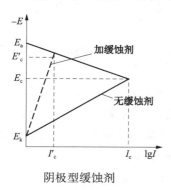

阴极型缓蚀剂

阴极抑制型缓蚀剂：是指在腐蚀介质中对金属的腐蚀，主要是增大阴极极化，阻碍阴极过程的进行，从而降低腐蚀速度，如砷盐、汞盐在酸性溶液中可抑制氢去极化腐蚀。硫酸锌在氯化钠或硫酸钠溶液中可抑制氧在阴极的去极化，致使腐蚀速度减小。

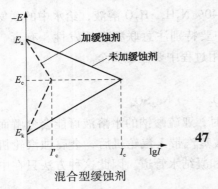

混合型缓蚀剂

混合型缓蚀剂： 这类缓蚀剂既能抑制腐蚀的阳极过程，同时又能抑制腐蚀的阴极过程，故称混合型缓蚀剂。如硅酸钠、铝酸钠在溶液中呈胶体状态，在阳极区、阴极区均可沉积，既能阻碍阳极金属的溶解，又能阻碍氧在阴极区的还原过程。

47 缓蚀协同效应： 当一种腐蚀性介质中，同时加入两种或两种以上的缓蚀剂，且其缓蚀效果比单独加入一种缓蚀剂时的效果更好，甚至于成十倍成百倍地增效，称这种作用为协同效应。例如，在循环冷却水中，单独使用铬酸盐时，其使用浓度为 $200 \sim 500\text{mg/L}$。可当铬酸盐与锌盐复配成复合缓蚀剂使用时，锌盐的浓度为 $1 \sim 5\text{mg/L}$，铬酸盐的浓度仅需 $15 \sim 30\text{mg/L}$，为单独使用时浓度的 $1/10$ 左右，故锌盐与铬酸盐之间有显著的协同效应。

复合冷却水缓蚀剂： 在实际使用中很少用单一缓蚀剂去控制冷却水系统中金属冷却设备的腐蚀，而经常用复合缓蚀剂。

复合冷却水缓蚀剂多种多样，按其功能组合大致可分为：

①主缓蚀剂 + 协同缓蚀剂。

②一种金属的缓蚀剂 + 另一种（或另几种）金属用的缓蚀剂。

③缓蚀剂 + 阻垢缓蚀剂。

④缓蚀剂 + 分散阻垢剂。

⑤缓蚀剂 + 缓蚀剂的稳定剂。

采用复合缓蚀剂后的优点：

①降低缓蚀剂的总浓度，可降低水处理成本。对有害的缓蚀剂可减轻排放对环境的污染。

②可同时控制系统中多种金属的腐蚀，例如可以同时控制黄铜换热器和碳钢换热器的腐蚀。

③可以防止在冷却设备的金属表面上生成水垢和污垢，有利缓蚀剂渗入到金属表面，提高缓蚀效果并防止垢下（沉积物下）的腐蚀。

④可以使某些易于沉淀的主缓蚀剂（例如：磷酸盐、锌盐等）能稳定地保持在冷却水中而不析出，以充分发挥其缓蚀效果。

因此，目前敞开式和密闭式循环冷却水中使用的缓蚀剂大多是由两种或两种以上的药剂（其中至少一种是缓蚀剂）复配而成的复合缓蚀剂。

另外值得注意的是在冷却水系统中常有微生物引起的腐蚀沉积物（黏泥），还必须加杀生剂与缓蚀剂共同防护。

48　电化学保护： 改变金属材料表面的电化学状态，以显著降低腐蚀或使腐蚀停止的方法称为电化学保护。它又分两种：

阳极保护： 将被保护设备与外加直流电源的正极相连，被保护设备变成阳极，进行阳极极化，使设备获得并维持钝态以降低腐蚀速度的方法称为阳极保护。

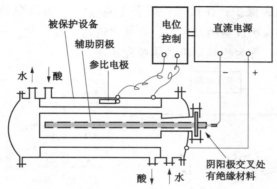

某厂不锈钢浓硫酸冷却的阳极保护示意

阴极保护： 将被保护设备变成阴极使之阴极极化，以减小或防止金属腐蚀的方法称之为阴极保护。要使被保护设备得到完全保护，必须把腐蚀体系的被保护设备的电位 E_c 阴极极化到其腐蚀微电池阳极的平衡电位 $E_{e,a}$，此时腐蚀电流降低为零，金属设备得到了完全的保护。

49　分散能力： 阴极保护时，保护电位确定后，为保证被保护设备的各个部位都要达到这一电位，才能保证保护效果较好，因此，阴极保护设备表面各部位电流是否均匀，其实质就是电流在阴极表面上分布得是否均匀。在电化学保护及电镀中通常用"分散能力"这一术语来说明电流在电极表面上均匀分布的能力。如果阴极保护中辅助阳极的布置合理，保证电流的分散能力好，阴极保护效果就好。

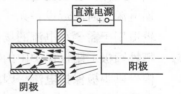

阴极保护时管内的电流遮蔽作用

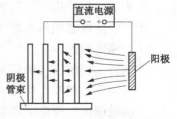

阴极保护时管束间的电流遮蔽作用

电流遮蔽作用： 如果阴极表面结构复杂，距离阳极近的表面电流密度大，距离阳极远的表面电流密度小，有些部位甚至还可能得不到保护电流，这样距阳极近处可能已过保护，而远处则达不到保护，这种现象称为电流遮蔽作用。

50　通常要把被保护设备变成阴极，进行阴极保护有两种实施方法。

外加电流阴极保护：将被保护设备与外加直流电源的"负极"相连使之变成阴极而进行阴极极化，以降低或防止金属腐蚀的方法，称为外加电流阴极保护法。

牺牲阳极的阴极保护：在被保护设备上连接一个电位更负的金属（如 Zn）作为阳极与被保护设备组成电池，而使之进行阴极极化，从而降低或防止金属腐蚀的方法，称为牺牲阳极的阴极保护法。

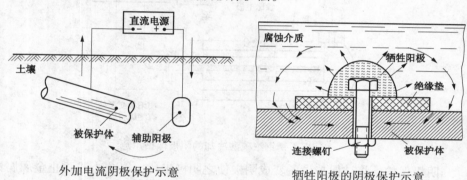

外加电流阴极保护示意　　　　牺牲阳极的阴极保护示意

上述二种方法原理是相同的。外加电流法，电流电压可调，适用范围广，但需专人操作，直流电源设备对附近设备可能有干扰。而牺牲阳极法，不用外加电源，对附近设备无干扰，施工简单，无需专人维护；但参数不可调节，较适用于需要小电流的场合，阳极消耗，需定期更换。

51　**牺牲阳极：**阴极保护中的牺牲阳极，就是通过其腐蚀消耗而为被保护金属结构提供阴极保护电流，因此阴极保护的效果与牺牲阳极材料本身的性能有着直接的关系。

作为阴极保护用的牺牲阳极应具备下列条件：

①牺牲阳极必须具有足够负的稳定电位。它与被保护金属之间应有足够大的开路电位差。

②牺牲阳极的阳极极化率要小，使阴极保护系统在工作时保持有足够大的驱动电压，能够产生足够大的阳极输出电流，保障良好的保护效果。

③牺牲阳极的理论电容量要大。也就是说产生 $1A \cdot h$ 的单位电量所消耗的阳极质量要少，保证阳极使用寿命长且经济。

④牺牲阳极在工作状态时的自腐蚀速率（自溶解）要小，且呈均匀活化溶解，表面不沉积难溶的腐蚀产物，使阳极能够长期稳定地工作，保证有高的电流效率。

⑤牺牲阳极的工作产物应无毒无害，不污染环境。材料来源广泛，生产加工容易，价格低廉。

辅助阳极： 它是在外加电流阴极保护中与被保设备构成完整电流回路的基本组件。外部直流电源的正极与辅助阳极相连接，电流经介质流入连接直流电源负极的被保护设备。辅助阳极的主要作用就是要长期、稳定、可靠地承载电流并向被保护设备供给电流，为此辅助阳极也应具备下列条件：

①在阳极极化的条件下耐腐蚀，化学稳定性好，消耗小。

②自溶解腐蚀小，阳极极化率小，排流量要大，寿命长。

③导电性能好，阳极在介质中的接界电阻低。

④具有一定的机械强度，耐磨损、耐冲击和震动，牢固可靠性高。

⑤加工性能好，材料来源广泛，价格低廉。

辅助阳极的材料种类很多，一般根据阳极溶解性能可分为：可溶性阳极，低溶性阳极和不溶性阳极。

52 牺牲阳极填包料： 由于牺牲阳极是靠自身的溶解消耗来为被保护结构物提供阴极电流，因此牺牲阳极必须持久均匀溶解，才能保持稳定的电流输出。当牺牲阳极用于土壤中时，为保证阳极有良好的界面状态和工作环境，往往在牺牲阳极周围填充一层导电良好的物料，又称填包料。对填包料的要求是：

①可改善阳极的界面状态和工作环境。

②电阻率低。

③渗透性好。

④不易流失。

⑤保湿性强。

填包料主要由石膏（$CaSO_4 \cdot 2H_2O$）、膨润土、硅藻土及硫酸钠组成。对于不同的条件，其配方的比例也有所不同，牺牲阳极不能像辅助阳极那样放在焦炭中，因焦炭电位很正，牺牲阳极会遭受到强烈的电偶腐蚀被迅速破坏，最终会导致被保护体有腐蚀的危险。

辅助阳极床： 辅助阳极地床（阳极床）是埋地金属结构物实施外加电流法阴极保护系统的重要组成部分。阳极床的质量很大程度上会决定阴极保护的效果和经济性。

辅助阳极在工作过程中会产生腐蚀产物，增大阳极电阻极化，影响电流有效输出。阳极表面也会产生 O_2、Cl_2、CO 和 CO_2 等气体，这些气体若不及时有效排出，也将会堵在阳极表面或阳极附近，增大阳极的接地电阻，同时，也影响阳极电流的有效排放。阳极床就是将辅助阳极埋置在多孔结构、导电良好的填充料中而构成。

填充料： 阳极床中的填料称为填充料。通常由几种不同颗粒度焦炭渣按比例配比构成，焦炭渣本身是多孔结构，导电良好。合理设计阳极床的构型，可防止"气阻"现象，大幅度地降低阳极接地电阻。

实质上阳极床是一个"形式阳极"，它既延长了有效长度，又增大了有效直径，有效降低了阳极接地电阻，从而降低了对阴极保护电源的容量要求，降低了保护系统的能耗，显著提高了阴极保护的有效性。而埋置在焦炭床中的阳极则可保持多年无变化，大大提高了使用寿命。

53 防腐结构设计： 是指对腐蚀控制有利的或能消除对腐蚀有害因素的设备结构设计。

当合理选材后，设备设计对腐蚀控制至关重要。设计中应注意：

①结构形式尽量简单合理，便于采用防腐措施，排除故障便于维修和保养。

②避免死角、死区、间隙等，消除滞留液、沉积物引发腐蚀。

③防止不利的连结和接触方式。

④避免冷凝液引起露点腐蚀。

⑤避免应力，避免环境差异（温度差、浓度差等）。

⑥避免高速流体的冲击、流速的急剧变化等引起的磨损腐蚀。

合理的工艺防腐： 是指能消除对腐蚀有害因素和对腐蚀控制有利的工艺设计。

实践证明：不考虑腐蚀问题的工艺流程和布置，很可能造成许多难以解决的腐蚀问题。有时当设备的腐蚀问题解决不了时，只要在不影响产品的性能和质量的前提下，可适当考虑局部改进工艺流程，同样可有效减轻系统中设备的腐蚀问题，例如：炼油厂的"一脱四注"，电解厂增设的氯气干燥工段等。

54 涂料： 通常是由成膜物质、颜料、溶剂和助剂组成。成膜物质一般由油脂、天然树脂或合成树脂制成，是决定涂层性质的主要因素。颜料能赋予涂层颜色和遮盖力、防腐和防沙等特种功能，还可增强涂层的机械性能。溶剂能降低涂料黏度，满足施工工艺要求，改造涂层质量，提高涂层的光泽和致密度等。助剂在涂料中用量很小，但对涂料的储存性、施工性以及对所形成涂层的物理性质有明显作用。

涂装防腐： 是把具有防腐蚀功能的涂料涂在设备和装置的表面上，经干燥固化形成均匀的涂膜，达到防止介质对设备腐蚀的目的。由于涂装防腐在众多防腐方法中，是最为简便、经济、适用范围广泛的一种，既可作为独立的防腐措施，也可以和其他防腐措施，如阴极保护等联合使用获得更完善的防腐系统。涂装施工可在现场进行，对施工对象的形状、尺寸、大小很少限制。涂层的色彩、图案、花纹容易调整，可获得多种多样的装饰效果和起到标志作用。因此，机械产品大多采用涂装方法进行防腐和装饰。

55 防腐蚀涂料： 作为一种优异的防腐蚀功能涂料必须具备下列特性：

①耐蚀性能好。是指其固化的涂层对所接触的腐蚀性介质有较高的物理、化学稳定性。

②透气性和渗水性尽可能小，能有效阻止有害成分（氧和水分）对基体金属的腐蚀。

③有良好的附着力和一定的机械强度。涂膜能否牢固附着在金属基体上，是其能否发挥防腐作用的关键。应用中的固化涂膜还要能承受在工作条件下的应力。

此外还应具有良好的电绝缘性、抗温变性、耐湿性，同时又经济适用，施工方便。

重防腐蚀涂料： 相对一般防腐蚀涂料而言，它是指在严酷的腐蚀环境下应用且具有长效使用寿命的涂料，也称长效防腐涂料。

①在化工大气和海洋环境里重防腐蚀涂料一般可使用 10 年或 15 年以上，在酸、碱、盐和溶剂介质里并在一定温度的腐蚀条件下，一般能使用 5 年以上。

②厚膜化，这是重防腐蚀涂料的重要标志之一，常用防腐蚀涂料的涂层干膜厚度一般为 0.1 ~ 0.15mm，而重防腐蚀涂料干膜厚度一般要在 0.2 ~ 0.3mm，甚至可达 2mm 厚，厚膜化大大降低涂膜的孔隙率，显著提高了涂膜的抗渗能力，为涂料的长效寿命提供了可靠保证。

③为达严酷环境下长效目的，采用高性能的合成树脂（优良的耐蚀性，更良好的耐磨性、耐温性，适当的硬度和韧性，对基体附着力强，有一定的机械强度）和新型颜料、填料（常以活性防锈颜料、鳞片状填料为主）。

④重防腐蚀涂料必须同金属基体的表面严格处理相结合，正确的精心施工，加强现场检测，注意维护，才能达到理想的效果。

⑤初期涂装费用大于一般防腐蚀涂装，但维修费用少，长远效益高。

56 防腐蚀涂层体系： 在实际应用中，一种涂料往往不能很好地起到保护金属的作用，或不能同时满足防腐、耐候、美观等使用要求。为此，大多数金属表面涂覆几种涂层，组成一个整体系统共同发挥功效。一般采用"多层异类"结构，即根据各种树脂性能特长，选其作为底漆、中间层、面漆，而不要求成膜物质是否属于同一类型。

防腐涂层的多层结构：

底漆：底漆直接与金属接触，是整个涂层系统保护的主要基础，应具有下列特点：

①与金属表面有良好的附着力。

②底涂黏度应较低，对基体表面有良好的润湿性，且溶剂的挥发不可太快，以使对焊缝锈痕等部位能充分渗入。

③含有防锈颜料、抗渗填料，能阻止锈蚀的生成和发展。一般填料适量多些还能减少涂膜内应力，以及使漆膜表面粗糙，增加与中间层或面漆的结合力。

④由于金属腐蚀，阴极表面呈现碱性，所以底涂的基料应具有耐碱性。

⑤底涂厚度不易过厚，否则会引起收缩应力，反使附着力下降。

中间层：中间层的主要作用是增厚，提高屏蔽作用、缓冲冲击力、平整涂层表面，因此要求中间层要与底、面漆结合良好，才能起到承上启下的作用。对于类似汽车漆的防腐、装饰性涂装体系，中间层可以提供平整表面、保持美观，往往还具有较好的弹性以缓冲击车轮、涂层不裂。

在整个涂层体系中底漆、面漆不宜太厚。

在重防蚀涂料系统中，为提高整个涂层的屏蔽性能、厚度要求较高。

面漆：面漆直接与腐蚀环境相接触，因此要具有耐环境化学腐蚀性、装饰美观性、标志性、抗紫外线、耐候性等。通常面漆的成膜物含量较高，含有紫外线吸收剂，或铝粉、云母氧化铁等阻碍阳光的颜料，以延长涂膜的寿命。有一些耐化学品涂料往往最后一道面漆是不含颜料的清漆，以获得致密的屏蔽层。

57 衬里技术：化工设备防腐中应用衬里技术较为广泛，增加衬里的目的是用价格便宜的高强度碳钢或普通低合金钢制成外壳承担机械应力，而用价格较贵的耐蚀材料作衬里，以防止强腐蚀介质的侵蚀。

衬里材料的种类：

金属衬里：金属衬里在石油、化工设备的防腐中应用较为广泛。衬里材料主要有不锈钢、钛、锆、铅等。由于铅有毒，特别是在搪铅施工中会逸出大量铅蒸气，对操作者健康有严重危害，近年来已被石墨、高分子合成材料及特种涂料的应用所代替。

非金属衬里：是指选用耐蚀的非金属材料衬覆在基体表面，形成保护性覆盖层，以达到防腐的目的，衬里和涂层同属于保护覆盖层，一般衬里的厚度大于1mm，而涂层的厚度则小于0.5mm。

使用耐蚀非金属材料覆盖层，完全隔离腐蚀环境，保护基体，同时避免金属离子直接与介质接触而导致污染，防止黏着物和介质结晶等在器壁上附着，也可作为防止金属焊接部位发生应力腐蚀裂纹的一项措施。使用价廉的碳钢基体和非金属衬里可代替整体的昂贵金属，并兼有电绝缘性和防腐性能。

①橡胶衬里：是将耐腐蚀橡胶板直接粘贴在金属或混凝土基体表面，形成连续完整的防护覆盖层。衬胶具有良好的耐蚀性、优异的耐磨性。衬胶层结合强度高、整体性好、致密性高，可在复合衬里结构中作为防渗层。衬胶施工简便易掌握，可靠性很高，经济实用。适用于压力小于0.6MPa和真空度小于0.08MPa、操作温度最高达120℃环境下使用。

②砖板衬里：是在金属或混凝土的设备表面，用耐腐蚀胶泥衬砌耐腐蚀砖板形成保护覆盖层的一种传统防腐技术。该法施工简单，材料来源方便，只要合理选用胶泥和砖板的性能及施工方法，精心施工能确保优良的防腐效果。

③塑料衬里：塑料的耐蚀性能好，重量轻，作为化工设备的内衬材料，得到了广泛应用。常用于衬里的塑料有硬聚氯乙烯塑料、软聚氯乙烯塑料、聚丙烯塑料、聚乙烯塑料和含氟塑料等。尤其是聚四氟乙烯塑料衬里，在高温下仍具有优异的耐化学腐蚀性能，能抵抗任何种类、任何浓度的酸、碱、盐、强氧化剂、有机溶剂和其他强腐蚀性介质的腐蚀，除高温熔融碱金属、单质氟与三氟化氯外，耐热性能好（−195～250℃），摩擦系数小，不粘性好。由于其机械强度和刚度较低，常用来制造化工管道和设备的衬里材料。

④玻璃鳞片树脂衬里：是由耐腐蚀树脂、薄片状玻璃鳞片、触变剂、消泡剂、表面处理剂、固化剂、促进助剂和填料等组成的厚浆型复合物料，经涂衬得到的覆盖层，其中的玻璃鳞片重叠平行、交错分布，形成独特的屏蔽结构。该衬里具有极优良的抗介质的渗透性，优良的耐磨损性，粘结性好，耐热骤变性好，固化时衬层收缩率小，热膨胀系数小，并具有良好的施工工艺性，采取喷、刷、滚、抹等手段施工，修衬也较容易。

⑤玻璃钢衬里：玻璃钢是合成树脂和玻璃纤维复合成型的一种通用耐腐蚀材料。其衬里普遍用于化工设备、防护地坪、砖板衬里的隔离层、塑料制品的外增强层等，具有耐蚀性、抗渗透性、整体性和粘结强度好等性能，一

般玻璃钢层厚度为 2～3mm。玻璃钢性能主要受合成树脂和玻璃纤维的品种、玻璃纤维的排布方式和衬里方法等因素的影响。

58 化学处理膜层：是将金属放入化学处理液中，使其与溶液界面产生化学反应，在金属表面生成稳定的化合物膜。例如铝、镁、铜及其合金的化学氧化膜，钢的发蓝、锌、镉、银、铜的钝化膜，钢铁的磷化膜以及金属着色，统称为化学转化膜。

金属或合金的氧化膜：

①铝合金化学氧化膜：该氧化膜厚度很薄，约为 $0.5～4\mu m$，且有多孔性，易被破坏，宜作为油漆的底层；由于膜层导电，可用电泳法涂覆油漆。通常化学氧化膜比阳极氧化膜与油漆的结合力要高。

②钢铁化学氧化膜：钢铁的化学处理俗称发蓝，又称发黑，是钢铁制件在含有氧化剂的碱性溶液中，一定温度条件下，氧化剂和氢氧化钠与金属铁作用，生成亚铁酸钠（Na_2FeO_2）和铁酸钠（$Na_4Fe_2O_4$），两者再相互作用生成稳定的磁性氧化铁（Fe_3O_4）。氧化膜的颜色依材料不同而异。碳钢、低合金钢为黑色，铸铁和硅钢为金黄至浅棕色，铸钢是暗褐色，合金钢依合金元素成分不同可呈蓝、紫至褐色。

③铜及铜合金钝化膜：古代青铜剑，在 2000 多年后出土时，仍"光亮如新，锋刃如初"，经鉴定表明在其表面存在含铬元素的钝化膜所致。可见，钝化对青铜实施了良好的保护。

钢铁的磷化膜：钢铁制件在金属磷酸盐中处理，表面生成一层难溶于水的磷酸盐保护膜。膜层的耐蚀性能并不很高，在大气条件下仅高于"发蓝"膜层，但它与油漆间有很好的结合力，因而涂漆后大大提高了膜层的耐腐蚀能力。磷化膜层有较高的电绝缘性，是硅钢片首选的电绝缘层。膜层也有良好的润滑性，常用于零件冷墩、冷挤时的润滑层，以减少摩擦、防止零件加工时表面被划伤，同时又可延长模具的寿命。但要注意磷化膜层在温度高时，因脱水而疏松会失去耐蚀性和油漆之间的结合力。国内标准磷化膜容许使用温度为 150℃。

59 化学镀：采用化学处理液，通过自身发生的氧化还原反应，在金属表面上沉积金属或合金镀层，称为化学镀。目前广泛应用的是镍磷共沉积镀层。

化学镀镍磷合金镀比电镀镍溶液分散能力好，其镀层厚度均匀，即使是形状复杂的零件，在深凹处也可以镀上均匀的镀层。其合金镀层的性质随镀层中磷的含量不同而异，也影响其耐蚀性。当磷的含量为 2% 时，其化学稳定性不如纯镍层；而当磷含量增加到 14% 时，其化学稳定性超过纯镍层。在中性、酸性、碱性介质中都很耐蚀，在有机溶剂介质中也很稳定，只是在强氧化性的酸中耐蚀性差。但化学镀镍磷合金层具有良好的热稳定性和抗氧化能力，很适合作为中温防护层使用。若在该镀层表面渗铝，则具有优异的高温抗氧化性能，可作为85℃以下的高温防护层使用。孔隙率低是镀层的耐蚀性好，含磷量则是耐蚀性高的主要因素。

电镀： 电镀是一种电化学过程，也是氧化还原过程。是将被镀零件浸在金属盐的溶液中作为阴极，金属板作为阳极；接通电源后，在一定工艺条件下，在零件表面会沉积出金属或合金镀层，从而达到提高耐蚀性、耐磨性或装饰效果等功能目的。电镀种类很多，但真正用于防腐的不多。

①镀锌：镀锌层在干燥空气中几乎不腐蚀，在工业大气、含二氧化硫的空气中耐蚀性较高，而在含硫的大气环境中和60℃以上水中耐蚀性下降。镀锌层通常适用于钢铁零件的防腐蚀。

②镀镍层：是用于钢件装饰或耐热的一种功能性镀层。它有较好的化学稳定性，耐强碱，在稀的硫酸或盐酸中溶解速度慢。与乙酸、热油类接触后表面会出现斑痕。在浓的过氧化氢介质中也不耐蚀。易溶于硝酸，但在发烟硝酸中则呈钝态。

③镀铬层：镀铬层具有很高的硬度、反光能力和抗失光能力，较好的耐热性，优异的耐磨性和外观装饰性。铬在大气中钝化后膜层为无色透明，使铬具有较高的抗变色能力，而被广泛用于装饰镀层的面层。但由于镀铬层孔隙多，因此在钢上直接镀铬时，钢不能很好保护基体，反而会加速钢基体的腐蚀，必须在钢上先镀铜或镍为中间层而后再镀铬，这就大大提高了镀层的耐蚀性。铬在碱、碳酸盐、硫化物、硝酸、柠檬酸等有机酸中具有很高的化学稳定性，但易溶于卤酸（如盐酸）和热硫酸中。

④镀锡层：锡具有无毒、柔软、延展性、拧合性和可焊性好的特点，能防止渗氮。锡镀层能承受弯曲，通过处理可得到有晶形花纹状的锡镀层，称花纹锡，有装饰作用。锡在干燥大气中具有较高的化学稳定性，不会受硫化物的影响，但在潮湿大气中容易变色，影响锡的钎焊性能。锡在稀的无机酸、弱酸中几乎不溶解，易在热浓的无机酸和碱中溶解。

⑤镀金和金合金层：金镀层具有优异的耐高温、耐腐蚀和化学稳定性，在大气环境中不受任何腐蚀介质和恶劣条件的影响，能长期保持其光泽的外观。金镀层不受任何酸、碱作用，只溶于王水中。

60 阴极性镀层： 是指镀层金属的电位相对基体金属的电位要正，成为腐蚀电池中的阴极。此种情况下，一旦镀层局部受损，则基体金属（电位相对较负成为阳极）会遭受严重的腐蚀，如钢上镀镍层、镍镀层为阴极性防腐层，镀铬层对钢、铝及铝合金亦是阴极性镀层，锡镀层对钢以及金镀层对钢、铜和铜合金均为阴极性镀层。

阳极性镀层： 是指镀层金属的电位相对基体金属的电位要负，成为腐蚀电池的阳极。此种情况下，一旦镀层有缺陷或局部受损时，露出的基体金属因电位相对较正，成为阴极受到保护，镀层金属溶解，成为了牺牲阳极。如镀锌层对钢、铜及铜合金为阳极性镀层，镀镍层对铜及铜合金（除黄铜外）、镀锡层对铜和铜合金均为阳极性镀层，这类镀层作为牺牲阳极使基体金属受到阴极保护。

61 热喷涂层： 热喷涂技术是利用电弧、离子弧或火焰等将粉末状或丝状的金属或非金属喷涂材料加热熔化或软化，使之在热源或在外加高速气流的作用下雾化，形成熔滴，并以一定速度喷向预处理过的基体零件表面，形成具有一定结合强度涂层工艺。它可以喷涂能在 2200～3300℃ 高温下熔化的各种纯金属、合金、塑料、尼龙及氧化物陶瓷材料。应用非常广泛灵活，可形成耐磨、耐蚀、隔热、抗氧化、绝缘、导电、间隙控制、防辐射等具有各种特殊功能的涂层。

热浸镀层： 热浸镀是将被镀金属材料浸于熔点较低的其他液态金属或合金中进行镀层的方法。16 世纪出现的浸镀锡，用于食品罐头，逐步发展了热浸锌、铅、铝层。被镀金属一般为钢、铸铁及不锈钢等，其特征为在基体金属与镀层金属之间有相互扩散形成的合金层。在美国、日本等钢材生产大国，热镀锌板在钢材中所占比例已高达 13%～15%，广泛用于建筑、汽车、家电业和其他行业。

热扩散层（渗镀）： 是将金属零件置于一定活度的活性介质中保温，使一种或几种元素渗入表层，改变其成分、结构和性能，所形成的表层称为热扩散层（渗镀层）。可以在金属零件的表面上扩散渗入 C、N、B、Si、Al、Cr、W、Mo、V 等单元或多元金属或非金属元素，改变金属零件的表面状态，从而提高该零件的耐热、耐磨、耐腐蚀性能，已广泛用于机械、化工、航空、航天、船舶、能源、石油、冶金等各个领域。

62 阳极氧化： 是在电解质溶液中，将具有导电表面的制件置于阳极，在外加电流的作用下，在制件表面形成了氧化膜的过程，称为电化学转化膜，俗称阳极氧化。得到广泛应用的是铝及铝合金的阳极氧化。

基于铝合金材料具有一系列优良的物理、化学、力学和加工性能，可满足从生活到尖端科学，从建筑、装潢业到交通运输业和航空航天等国民经济各部门对铝合金材料提出的不同使用要求。由于铝上自然形成的氧化膜很薄，耐蚀性、耐磨性很低，因此，通过阳极氧化技术人工增强氧化膜的厚度并改善其性能已成为扩大铝合金应用范围、延长使用寿命不可缺少的关键。

铝及铝合金阳极氧化膜具有：

①高硬度，耐磨、耐腐蚀性好，且电绝缘性高。

②可着色，能获得和保持丰富多彩的外观，提高了装饰效果，又改进了耐蚀、耐候性。

③可有效提高有机涂层和电镀层的附着力和耐蚀性。

④利用阳极氧化膜的多孔性，在微孔中沉积功能性微粒，可得到各种功能性材料，如电磁功能、催化功能、传感功能和分离功能等。可见，铝及铝合金阳极氧化技术，应用前景非常广阔。

微弧阳极氧化：是将零件在电解质溶液中（一般为碱性溶液）置于阳极，利用电化学方法使铝、镁、钛、钽、锆或铌等材料的表面微孔中产生火花或微弧放电，在金属表面上生成陶瓷膜层的表面改性技术。

微弧阳极氧化技术所形成的陶瓷膜层具有：

①耐蚀性高，承受 5% 的盐雾实验的耐蚀能力在 1000h 以上。

②硬度高、耐磨性能好。其硬度高达 800 ~ 2500HV，明显高于硬质阳极氧化膜。

③电绝缘性能好，在干燥空气中击穿电压为 3000 ~ 5000V。

④外观装饰性能好，可大面积加工各种不同颜色、不同花纹。

⑤具有良好的隔热能力，并与基体结合牢固，结合强度可达到 2.04 ~ 3.06MPa。此外，微弧阳极氧化技术本身具有工艺简单易操作，过程对环境基本无污染，不需要真空或低温条件，前处理工序少，适宜大规模自动化生产，对材料适应性宽等优点。

微弧阳极氧化技术是一项新颖技术，目前尚未投入大规模生产，但已显示出强大的吸引力，并已进入国民经济的重要领域。随着研究的深入，这项技术和产品的开发、应用更加广阔。

第二部分

正确判断概念

是非题（对者打"√"，错者打"×"）

1 除贵金属外，金属的腐蚀过程是一种自发倾向。　　　　　　（　　）

2 金属腐蚀发生的根本原因是由于金属表面存在着电化学不均匀性。（　　）

3 金属中腐蚀电池的存在，并不是电化学腐蚀发生的根本原因。（　　）

4 金属的腐蚀过程可以说是冶金过程的逆过程。　　　　　　　（　　）

5 金属电极电位的绝对值是不可测的。　　　　　　　　　　　（　　）

6 金属放入电解质溶液中，当体系稳定后，能测得的电极电位称为平衡电极电位。　　　　　　　　　　　　　　　　　　　　　　　　　（　　）

7 电动序是根据金属的平衡电极电位值的大小而排成的一种序列表。（　　）

8 平衡电位条件下的金属不腐蚀。　　　　　　　　　　　　　（　　）

9 纯金属在电解质溶液中也腐蚀。　　　　　　　　　　　　　（　　）

10 纯锌在工程上可以作为参比电极，主要是因为它在电解质中的腐蚀电流大。　　　　　　　　　　　　　　　　　　　　　　　　　　（　　）

11 电动序可用来比较金属腐蚀速度的大小。　　　　　　　　　（　　）

12 电偶序是按金属的腐蚀电位值的大小而排成的一种序列表。（　　）

13 理论电位－pH 图可以预示金属的腐蚀倾向，解释腐蚀的现象。（　　）

14 理论电位－pH 图，不能预示金属的腐蚀速度，但可以指导选择可能的有效防腐蚀途径。　　　　　　　　　　　　　　　　　　　　　（　　）

15 理论电位－pH 图是基于化学热力学原理而建立起来的一种电化学平衡图。　　　　　　　　　　　　　　　　　　　　　　　　　　　（　　）

16 腐蚀电位对任一材料都有一个恒定不变的数值，故可用来表征腐蚀速度的大小。　　　　　　　　　　　　　　　　　　　　　　　　（　　）

17 金属在平衡电位条件下，仍然在腐蚀着，只不过其腐蚀速度较小而已。　　　　　　　　　　　　　　　　　　　　　　　　　　　（　　）

18 无论是平衡电位还是腐蚀电位，都应该用高阻电位计来测量。（　　）

19 金属发生电化学腐蚀的必要条件是 $E_{e,金属} < E_{e,氧化剂}$。　　　（　　）

20 理论阴、阳极极化曲线的起点（$i=0$ 时）的电位都是腐蚀电位 E_c。（　　）

21 电极上随电流的通过，电极电位向正方向移动的现象称之为阳极极化现象。

                    （   ）

22 "极化"有利于防腐蚀，而"去极化"会加速腐蚀。   （   ）

23 钢铁在非氧化性酸中的腐蚀，其阴极性杂质上氢过电位越大，腐蚀速度也越大。   （   ）

24 钢铁在非氧化性酸中的腐蚀，其阴极性杂质越多，则腐蚀速度越小。

                    （   ）

25 析氢腐蚀多数是电化学极化（活化极化）控制，搅拌对其腐蚀影响不大。

                    （   ）

26 氧还原的平衡电极电位比 H^+ 还原的平衡电位正 1.229V，所以吸氧腐蚀的发生更容易。   （   ）

27 碳钢在盐酸中的腐蚀速度，随盐酸的浓度增大而增大。   （   ）

28 碳钢在硝酸溶液中的腐蚀速度，随硝酸浓度增大而减小。   （   ）

29 碳钢在硫酸溶液中的腐蚀速度，随硫酸浓度的增大，会有很大的区别。

                    （   ）

30 吸氧腐蚀，在多数情况下是扩散控制，搅拌对其腐蚀影响很大。   （   ）

31 钢铁在盐水中的腐蚀，随盐水浓度增大而加剧。   （   ）

32 中性盐水溶液中除氧，可使碳钢腐蚀减轻。   （   ）

33 碳钢在海水中的腐蚀，随钢中阴极性杂质增多，腐蚀速度增大。   （   ）

34 锅炉给水的除氧是一种有效的防腐方法。   （   ）

35 搅拌对氢去极化腐蚀影响很大，而对氧去极化腐蚀的影响不大。   （   ）

36 碳钢在自然（大气、海水、土壤）条件下的腐蚀，通常都是氧去极化腐蚀。

                    （   ）

37 决定大气腐蚀的关键因素是大气的污染程度。   （   ）

38 佛莱德电位 E_F 是金属的活化状态和钝化状态之间的临界电位，E_F 值越高，表明金属钝化越容易，钝化膜越稳定。   （   ）

39 处于钝态下的金属腐蚀速度很小，这表明此时的金属热力学稳定性很好。

                    （   ）

40 钝化只是金属的表面行为，而其机械性能仍保持不变。   （   ）

41 金属在腐蚀介质中，只要有钝化现象发生就可采用"阳极保护"技术来防腐蚀。   （   ）

42 钢铁在腐蚀体系中有钝化特性和现象，工程上也不一定就能实现"阳极保护"来防腐蚀。   （   ）

43　铝及其合金的阳极氧化技术就是金属钝性的一种利用。　　　　　　（　　）

44　局部腐蚀之所以能最终形成是由于介质中有 Cl^- 的存在。　　　　（　　）

45　氧浓差电池最终能导致严重的局部腐蚀发生（如孔蚀等）。　　　　（　　）

46　钢板用铜铆钉连接，因铜铆钉面积小，故很快会腐蚀而烂掉，使紧固件失
　　效。　　　　　　　　　　　　　　　　　　　　　　　　　　　（　　）

47　铜板用钢铆钉连接，由于铜电位正，成为阳极受到腐蚀，致使紧固件很快松
　　动。　　　　　　　　　　　　　　　　　　　　　　　　　　　（　　）

48　严重的局部腐蚀，如孔蚀、缝隙腐蚀、晶间腐蚀等最终能形成，都与自催化
　　效应密切相关。　　　　　　　　　　　　　　　　　　　　　　（　　）

49　法兰连接处的密封垫片，即使采用吸湿性材料，也不会产生缝隙腐蚀。

　　　　　　　　　　　　　　　　　　　　　　　　　　　　　　　（　　）

50　在电化学装置（原电池、电解池）中，发生氧化反应的是"阳极"就是
　　"正极"，发生还原反应的是"阴极"就是"负极"。　　　　　　（　　）

51　在腐蚀电池中，电位较正的就是"阳极"，受到腐蚀而电位较负的就是"阴
　　极"，不腐蚀。　　　　　　　　　　　　　　　　　　　　　　（　　）

52　腐蚀电池因阴、阳极短路而不能分开，故产生的电能不能被利用，只是以热
　　能形式而散失掉。　　　　　　　　　　　　　　　　　　　　　（　　）

53　极化现象的实质在于电子的转移速度比电化学反应及其相关的连续步骤完成
　　得快。　　　　　　　　　　　　　　　　　　　　　　　　　　（　　）

54　降低环境中的氧分压，可降低金属在高温下氧化的可能性。　　　　（　　）

55　金属在干燥气体中的腐蚀，也是发生了氧化还原反应，故也可称其为电化学
　　腐蚀。　　　　　　　　　　　　　　　　　　　　　　　　　　（　　）

56　降低大气中的湿度，可减轻大气腐蚀。　　　　　　　　　　　　　（　　）

57　铜在去氧的稀酸溶液中不腐蚀。　　　　　　　　　　　　　　　　（　　）

58　纯锌在去氧的稀酸溶液中也不会腐蚀。　　　　　　　　　　　　　（　　）

59　铝的 $E^\circ_{e,Al}$ 为 $-1.66V$，而锌的 $E^\circ_{e,Zn}$ 为 $-0.762V$，故海水中 Al – Zn 组合件中
　　的铝遭腐蚀，而锌受到保护。　　　　　　　　　　　　　　　　（　　）

60　普通 18 – 8 不锈钢在海水中的腐蚀速度很小，故是用来制造海水中设备、构
　　件的好材料。　　　　　　　　　　　　　　　　　　　　　　　（　　）

61　阴极保护中，牺牲阳极的电位应比被保护设备的电位更"正"些，才有效
　　果。　　　　　　　　　　　　　　　　　　　　　　　　　　　（　　）

62　实施外加电流阴极保护时，应将被保护设备与直流电源的"负极"相连。

　　　　　　　　　　　　　　　　　　　　　　　　　　　　　　　（　　）

63　阴极保护技术，对于流动海水中泵的磨损腐蚀也不失为是一种经济有效的防腐手段。　　　　　　　　　　　　　　　　　　　　　　（　　）

64　实施阴极保护时，保护电位偏离腐蚀电位越负，保护效果越好。　（　　）

65　细菌腐蚀是指细菌本身参加了腐蚀过程，从而加剧了腐蚀。　　（　　）

66　线性极化法只适用于微极化区测定腐蚀速度，而塔菲尔外推法适用于大电流区。　　　　　　　　　　　　　　　　　　　　　　　　　　　（　　）

67　两种不同的金属在导电小的介质中相接触，不会形成严重的电偶腐蚀。　　　　　　　　　　　　　　　　　　　　　　　　　　　　　　（　　）

68　碳钢在流动海水中的腐蚀速度，随流速的降低而减小。　　　　（　　）

69　应力腐蚀与腐蚀疲劳之所以腐蚀严重，其实质都是力学因素与电化学因素协同加速所致。　　　　　　　　　　　　　　　　　　　　　　　（　　）

70　应力腐蚀是拉伸应力和腐蚀介质共同作用所致，不需要特定的材料与介质匹配。　　　　　　　　　　　　　　　　　　　　　　　　　　　（　　）

71　不锈钢设备进行水压试验时，为防止腐蚀隐患，所用之水含 Cl^- 的浓度应小于 1mg/L。　　　　　　　　　　　　　　　　　　　　　　　（　　）

72　所谓不锈钢，必须表面光洁才能"不锈"，所以保持不锈钢设备、管道表面均匀、光滑、洁净，才能提高钝化膜的稳定性，防止局部腐蚀。　　（　　）

73　由于不锈钢耐蚀性高，因此对于不锈钢设备，即使用碳钢钢丝刷和夹具等工具，也不会造成铁污染而引发腐蚀。　　　　　　　　　　　　　　（　　）

74　焊缝腐蚀、刀口腐蚀都是属于不锈钢的晶间腐蚀。　　　　　　（　　）

75　焊缝腐蚀是指稳化处理的不锈钢焊接后，在紧挨焊缝两侧的母材窄带上产生的腐蚀。　　　　　　　　　　　　　　　　　　　　　　　　　（　　）

76　在同一设备同种介质中，由于加热器位置不同造成的温差不同；加料口位置不当，造成的浓差不同，这些因素对设备的腐蚀影响都不大。　　（　　）

77　涂料及涂装是一种既方便又适用的一种防腐手段，它可解决各种腐蚀问题，而且效果都不错。　　　　　　　　　　　　　　　　　　　　　（　　）

78　用酸清洗设备中的垢层时，由于时间短，在酸中加不加缓蚀剂都可以，不会对设备有什么腐蚀和损伤。　　　　　　　　　　　　　　　　　（　　）

79　能使金属钝化的阳极型缓蚀剂存在一个"临界浓度"。缓蚀剂的量"过"与"不足"不但没有缓蚀作用，反而会造成严重的局部腐蚀。　　　（　　）

80　由于缓蚀剂防腐，用量少，价廉，因此工程上直排式水冷却系统也可用缓蚀剂来防止冷却系统的腐蚀。　　　　　　　　　　　　　　　　　（　　）

81　镀锌钢板，锌镀层是阳极性镀层，对基体的钢板有阴极保护作用。（　　）

82 镀锡钢板，锡镀层也是阳极性镀层，对钢板亦有保护作用。 （ ）

83 在防腐设计中，正确选择耐蚀材料最为重要，而后的工艺设计、设备设计可以不必对腐蚀因素再加改虑。 （ ）

84 化工工艺设计的同时，必须充分考虑腐蚀发生的可能性及防护途径，如果工艺流程和布置不合理，会造成难以解决的腐蚀问题，使先进的新技术、新工艺无法实现。 （ ）

85 提高生产系统的温度，使气体中水分蒸发或不冷凝，将电化学腐蚀转化成化学腐蚀，可使腐蚀速度降低。 （ ）

86 焊接是广泛使用的加工技术，只要选择好适当的方法和焊接材料，焊后可不进行处理，即使有点焊接缺陷，对设备的腐蚀影响不大。 （ ）

87 针对实际的工况条件，选择防腐蚀方案时，从资料、手册上查阅的腐蚀数据，可以作为防腐设计的唯一依据。 （ ）

88 设备的选材、结构强度计算都是以工艺设计为前提，而又是与腐蚀控制的要求相结合的，因此，生产中即使没有严格操作，工艺参数有较大波动，对腐蚀的影响也不大。 （ ）

89 一个良好防腐方案确定后，施工的精心与否往往是防腐蚀成败的关键。 （ ）

90 一个腐蚀问题，不一定只是用一种防护措施去解决，往往用几种方法联合防护乃是经济、高效的方法。例如，涂料与阴极保护联合防护。 （ ）

是非题答案

1	"√"	2	"×"	3	"√"	4	"√"	5	"√"
6	"×"	7	"×"	8	"√"	9	"√"	10	"×"
11	"×"	12	"×"	13	"√"	14	"√"	15	"√"
16	"×"	17	"×"	18	"√"	19	"√"	20	"√"
21	"√"	22	"√"	23	"×"	24	"×"	25	"√"
26	"√"	27	"√"	28	"×"	29	"√"	30	"√"
31	"×"	32	"√"	33	"×"	34	"√"	35	"×"
36	"√"	37	"×"	38	"×"	39	"×"	40	"√"
41	"×"	42	"√"	43	"√"	44	"×"	45	"×"
46	"×"	47	"×"	48	"√"	49	"×"	50	"×"
51	"×"	52	"√"	53	"√"	54	"√"	55	"×"
56	"√"	57	"√"	58	"×"	59	"×"	60	"×"
61	"×"	62	"√"	63	"√"	64	"×"	65	"×"
66	"√"	67	"×"	68	"√"	69	"√"	70	"×"
71	"√"	72	"√"	73	"×"	74	"√"	75	"×"
76	"×"	77	"×"	78	"×"	79	"√"	80	"×"
81	"√"	82	"×"	83	"×"	84	"√"	85	"√"
86	"×"	87	"×"	88	"×"	89	"√"	90	"√"

选择题（正确的在序号上打"√"）

1 金属电化学腐蚀发生的根本原因是
$$\left\{\begin{array}{l}①金属中有杂质\\②金属表面存在着电化学不均匀性\\③介质中存在有氧化剂\\④腐蚀介质的导电性\\⑤环境介质中有去极化剂存在\end{array}\right.$$

2 金属浸在含本身离子的盐溶液中，当体系稳定时，建立起来的电位是
$\left\{\begin{array}{l}①稳定电位\\②平衡电位\\③腐蚀电位\\④混合电位\end{array}\right.$。此时，电极表面上$\left\{\begin{array}{l}①只有一对电极反应\\②有两对电极反应\\③有两对以上的电极反应\end{array}\right.$在进行，这种

电位可用$\left\{\begin{array}{l}①Nernst 公式计算\\②高阻电位计测得\\③低阻电位计测得\end{array}\right.$。在该电位的条件下，金属$\left\{\begin{array}{l}①不腐蚀\\②腐蚀严重\\③腐蚀较轻\end{array}\right.$

3 交换电流密度表征
$\left\{\begin{array}{l}①金属腐蚀速度大小\\②腐蚀电位下电极的氧化反应速度或是还原反应速度\\③平衡电位下，电极正逆反应物质交换的速度\end{array}\right.$

4 电动序是根据$\left\{\begin{array}{l}①平衡电极电位\\②腐蚀电位\\③标准平衡电位\\④开路电位\end{array}\right.$的数值大小排列成的序列表，故它可以用来

判断$\left\{\begin{array}{l}①腐蚀速度的大小\\②腐蚀的难易程度\\③腐蚀倾向的大小\end{array}\right.$

5 电偶序是按同种介质中金属的 $\left\{\begin{array}{l}①平衡电位 \\ ②标准平衡电位 \\ ③腐蚀电位 \\ ④稳定电位\end{array}\right\}$ 值的大小排成的序列表，

它可用来判断 $\left\{\begin{array}{l}①腐蚀速度的大小 \\ ②电偶腐蚀的倾向 \\ ③偶对中的阴、阳极\end{array}\right\}$

6 金属发生电化学腐蚀的必要条件是 $\left\{\begin{array}{l}①E_{e,氧化剂} > E_{e,金属} \\ ②E_{e,氧化剂} = E_{e,金属} \\ ③E_{e,氧化剂} < E_{e,金属}\end{array}\right\}$

7 腐蚀电位是 $\left\{\begin{array}{l}①平衡电位 \\ ②非平衡电位 \\ ③稳定电位\end{array}\right\}$ ，它的数值 $\left\{\begin{array}{l}①可用 Nernst 方程计算 \\ ②可估计腐蚀速度 \\ ③可判定腐蚀程度\end{array}\right\}$

8 决定金属大气腐蚀速度的关键因素是 $\left\{\begin{array}{l}①温度 \\ ②湿度 \\ ③光照\end{array}\right\}$ ，通常碳钢在

$\left\{\begin{array}{l}①海洋大气 \\ ②乡村中的大气 \\ ③污染的工业大气\end{array}\right\}$ 中腐蚀最严重。

9 碳钢在 $\left\{\begin{array}{l}①稀盐酸 \\ ②浓盐酸 \\ ③稀硫酸 \\ ④浓硝酸 \\ ⑤稀碱液 \\ ⑥热浓碱液\end{array}\right\}$ 中腐蚀，而 18 - 8 不锈钢在 $\left\{\begin{array}{l}①稀盐酸 \\ ②浓盐酸 \\ ③高温硫酸 \\ ④室温稀硫酸 \\ ⑤海水 \\ ⑥淡水\end{array}\right\}$ 中不腐蚀，

锌在 $\left\{\begin{array}{l}①含 O_2 的弱酸 \\ ②不含 O_2 的盐酸 \\ ③含 O_2 的海水 \\ ④不含 O_2 的淡水\end{array}\right\}$ 中腐蚀，而铜在 $\left\{\begin{array}{l}①含 O_2 的弱酸 \\ ②不含 O_2 的盐酸 \\ ③含 O_2 的海水 \\ ④不含 O_2 的淡水\end{array}\right\}$ 中不腐蚀。

10 金属受杂散电流引起的腐蚀其腐蚀部位应发生在

$\left\{\begin{array}{l}①电流从土壤流入金属处 \\ ②电流从金属流入土壤处 \\ ③电流通过的整个金属构件表面\end{array}\right\}$

11 理论电位－pH 图是 $\begin{cases}①动力学数据平衡图\\②热力学数据平衡图\\③实测的经验数据平衡图\end{cases}$，利用该图可以

$\begin{cases}①预示金属的腐蚀倾向\\②分析金属的腐蚀行为\\③预示金属的腐蚀速度\\④指导选择腐蚀控制的有效途径\end{cases}$

12 降低氧的分压 p_{O_2}，可以 $\begin{cases}①降低\\②不影响\\③增加\end{cases}$ 金属高温氧化的可能性，例如，铁极易

发生高温氧化，要使铁不被氧化，必须 $\begin{cases}①降低氧的分压 p_{O_2}\\②增大氧的分压 p_{O_2}\\③移至还原性气氛中\end{cases}$

13 金属在酸中发生析氢腐蚀，随 pH 值升高，氢的平衡电位 $E_{e,H}$

向 $\begin{cases}①E_e 值方向移动\\②负值方向移动\\③几乎不变\end{cases}$，当 $E_{e,H}$（平衡电位）比金属中 $\begin{cases}①阳极组分\\②阴极组分\\③金属整体\end{cases}$ 的电位

$\begin{cases}①更正\\②更负\end{cases}$ 时，氢去极化腐蚀 $\begin{cases}①停止\\②发生\end{cases}$

14 搅拌可使碳钢在 $\begin{cases}①非氧化性酸\\②海水\\③淡水\end{cases}$ 中的腐蚀速度显著增大，这是由于体系属于

$\begin{cases}①活化极化\\②扩散\end{cases}$ 控制。

当微阴极的数量增加时，可使碳钢在 $\begin{cases}①非氧化性酸\\②海水\\③淡水\end{cases}$ 中的腐蚀速度显著增加，

这是因为体系属 $\begin{cases}①活化极化\\②扩散\end{cases}$ 控制。

15 稀酸中，工业锌中的杂质铜 $\begin{cases}①不影响\\②会加速\\③会降低\end{cases}$ 锌的腐蚀。这是因为铜上氢的过电位

$\left.\begin{matrix} ①小 \\ ②大 \end{matrix}\right\}$。而汞齐化处理后的锌其腐蚀速度却 $\left.\begin{matrix} ①大大加速 \\ ②大大降低 \\ ③几乎不受影响 \end{matrix}\right\}$，这是因为汞

上氢过电位 $\left.\begin{matrix} ①小 \\ ②大 \end{matrix}\right\}$

16　介质中的溶解氧对腐蚀来讲是起 $\left.\begin{matrix} ①活化作用 \\ ②去极化作用 \\ ③助钝化作用 \\ ④破坏钝化作用 \end{matrix}\right\}$，而 Cl^- 对腐蚀是

起 $\left.\begin{matrix} ①活化作用 \\ ②缓蚀作用 \\ ③钝化作用 \\ ④破坏钝化作用 \end{matrix}\right\}$

17　金属获得并维持钝态，可使腐蚀大大减轻，但这不表明

$\left.\begin{matrix} ①金属的热力学稳定性很高 \\ ②金属的热力学稳定性未变 \\ ③金属的热力学稳定性不高 \end{matrix}\right\}$，一旦钝态被破坏，此时金属的腐蚀速度

$\left.\begin{matrix} ①仍保持着很低的腐蚀水平 \\ ②会稍稍增大 \\ ③会以很高的速度溶解着 \end{matrix}\right\}$

18　从不锈钢的环状阳极曲线上，可知当电位 E 处于 $E_b < E < E_p$ 时

$\left.\begin{matrix} ①金属表面发生新的蚀孔 \\ ②金属表面不发生新的蚀孔 \\ ③已有的孔继续腐蚀，而不产生新的蚀孔 \end{matrix}\right\}$

19　下列情况中 $\left.\begin{matrix} ①中性溶液中除氧使碳钢 \\ ②冷却水中加铬酸盐使碳钢 \\ ③尿素合成塔内通氧使不锈钢 \\ ④降低流速使输送海水的碳钢管 \\ ⑤盛放80\%浓度硫酸可使碳钢罐 \\ ⑥降低盐酸的浓度使碳钢 \end{matrix}\right\}$ 的腐蚀降低，是利用"钝化"

性质来进行防护的方法。

20　生产中 98% H_2SO_4 吸收塔和 93% H_2SO_4 干燥塔若短期停车，为避免设备腐

蚀，应将塔内的酸 $\left\{\begin{array}{l}\text{①完全排空} \\ \text{②排空后，用水冲洗干净} \\ \text{③不排酸，保持原状}\end{array}\right\}$ 放置为好。

21　铜的 $E^{\circ}_{e,Cu} > E^{\circ}_{e,H}$，但在潮湿空气中 $\left\{\begin{array}{l}\text{①生锈} \\ \text{②不腐蚀}\end{array}\right\}$，而钛的 $E^{\circ}_{e,T_i} < E^{\circ}_{e,H}$，可在工程上是 $\left\{\begin{array}{l}\text{①不耐蚀} \\ \text{②良好的耐蚀}\end{array}\right\}$ 材料。

22　异种材质接触时，为避免电偶腐蚀应在 $\left\{\begin{array}{l}\text{①电动序} \\ \text{②电偶序}\end{array}\right\}$ 中选择电位相隔 $\left\{\begin{array}{l}\text{①较近} \\ \text{②较远}\end{array}\right\}$ 的材料，并要特别注意随偶对中阴、阳极面积比（$S_{阴}/S_{阳}$）的增大，作为阳极体的金属部分腐蚀速度会 $\left\{\begin{array}{l}\text{①大大减小} \\ \text{②几乎不变} \\ \text{③大大增加}\end{array}\right\}$，所以工程上应避免 $\left\{\begin{array}{l}\text{①大阴极 – 小阳极} \\ \text{②小阴极 – 大阳极} \\ \text{③阴、阳面积大致相等}\end{array}\right\}$ 这种腐蚀最危险的结构。

23　为避免缝隙腐蚀金属结构的连接，最好采用 $\left\{\begin{array}{l}\text{①铆接} \\ \text{②焊接} \\ \text{③螺纹连接}\end{array}\right\}$ 方式，法兰连接处的密封垫片应选用 $\left\{\begin{array}{l}\text{①硬度较小的材料} \\ \text{②不吸湿性材料} \\ \text{③纤维性材料}\end{array}\right\}$

24　应力腐蚀破裂是指材料或构件由于 $\left\{\begin{array}{l}\text{①交变应力} \\ \text{②拉伸应力} \\ \text{③压应力}\end{array}\right\}$ 与 $\left\{\begin{array}{l}\text{①物理作用} \\ \text{②化学作用} \\ \text{③电化学作用}\end{array}\right\}$ 协同加速而发生的 $\left\{\begin{array}{l}\text{①延性} \\ \text{②脆性}\end{array}\right\}$ 断裂。

25　焊缝腐蚀的部位，通常是发生在 $\left\{\begin{array}{l}\text{①焊缝上} \\ \text{②紧接焊缝两侧的母材板上} \\ \text{③离焊缝一定距离母材板上条带上}\end{array}\right\}$

而刀口腐蚀的部分通常是在 $\left\{\begin{array}{l}①焊缝上\\②紧挨焊缝两侧的母材板上\\③离焊缝较远距离的母材板上\end{array}\right\}$

26 属于活化极化控制的腐蚀体系有 $\left\{\begin{array}{l}①铁在盐酸中\\②碳钢在浓硫酸中\\③铜在稀酸中\\④铜在海水中\end{array}\right\}$ ，属于扩散控制的

有 $\left\{\begin{array}{l}①碳钢在稀硝酸中\\②碳钢在海水中\\③碳钢在淡水中\\④铜在盐水中\end{array}\right\}$

27 在电化学测试技术中，线性极化法应用于 $\left\{\begin{array}{l}①微极化区\\②弱极化区\\③强极化区\end{array}\right\}$ ，而塔菲尔外推法只

适用于 $\left\{\begin{array}{l}①微极化区\\②弱极化区\\③强极化区\end{array}\right\}$

28 实验室测定金属在硫酸溶液中阳极钝化曲线时，应选 $\left\{\begin{array}{l}①饱和硫酸铜\\②饱和甘汞\\③氯化银\\④硫酸亚汞\\⑤纯锌\end{array}\right\}$ ，电极

作为参比电极为好，而在工程上对海水中的设备实施阴极保护时，常采用
$\left\{\begin{array}{l}①饱和甘汞\\②氯化银\\③纯锌\end{array}\right\}$ 作参比电极。

29 在测定电极电位时，必须用盐桥，其作用主要是 $\left\{\begin{array}{l}①连通溶液\\②消除液接电位\\③造成可知的液接电位\\④消除溶液内阻\end{array}\right\}$

为此，盐桥中应放 $\left\{\begin{array}{l}①稀\ H_2SO_4\ 液 \\ ②饱和\ KCl\ 溶液 \\ ③氢氧化钠液 \\ ④琼脂\end{array}\right.$ ，这是因为该溶液的 $\left\{\begin{array}{l}①导电性强 \\ ②无沉淀物 \\ ③正、负离子的 \\ \quad 迁移率相等\end{array}\right.$

30　碳钢在 $\left\{\begin{array}{l}①盐水中随盐 \\ ②盐酸中随酸 \\ ③硫酸中随酸 \\ ④硝酸中随酸\end{array}\right.$ 的浓度增加腐蚀随之严重。

31　用恒电位法能测得完整的极化曲线的有 $\left\{\begin{array}{l}①阳极钝化曲线 \\ ②环状阳极极化曲线 \\ ③活化控制的阳极极化曲线 \\ ④活化控制的阴极极化曲线 \\ ⑤扩散控制的阴极极化曲线\end{array}\right.$ ，而只

有 $\left\{\begin{array}{l}①阳极钝化曲线 \\ ②活化控制的阳极曲线 \\ ③活化控制的阴极曲线 \\ ④扩散控制的阴极曲线\end{array}\right.$ 才能用恒电流法测得。

32　碳钢设备 $\left\{\begin{array}{l}①在稳定电位的条件下 \\ ②控制在最小阴极保护电位下 \\ ③控制在稳定钝态的电位下 \\ ④实施了涂层保护后 \\ ⑤实施了镀铬层后\end{array}\right.$ 仍腐蚀。

33　下列情况中 $\left\{\begin{array}{l}①异种材料在电介质中接触电位较正的金属 \\ ②表面钝化膜一旦被破坏时的金属 \\ ③充气不均土壤中的长输管线与富氧区接触的部位 \\ ④盐水滴试验中，液滴中心下面的铁 \\ ⑤换热器中有应力存在的弯管处\end{array}\right.$ 腐蚀。

34　发现腐蚀体系中金属的电位值，已大大地移向正值方向，表面也发生某种突变（有膜），且腐蚀速度显著降低，这说明：
$\left\{\begin{array}{l}①体系中加入了阴极型缓蚀剂 \\ ②金属由活态变成了钝态 \\ ③介质中除去了对腐蚀有害的成分 \\ ④介质中通入了\ O_2，促进金属进入了钝态\end{array}\right.$

35　镀层中 $\left\{\begin{array}{l}①镀锌铁的锌镀层对铁\\②镀镍钢的镍镀层对钢\\③镀铬钢的铬镀层对钢\\④镀锡铁的锡镀层对铁\\⑤镀镍铜的镍镀层对铜\\⑥镀锡铜的锡镀层对铜\end{array}\right\}$ 是阳极性镀层，一旦镀层有破损，则基体金

属受到保护。

36　局部腐蚀之所以能形成是由于 $\left\{\begin{array}{l}①氧浓差电池\\②供氧差异电池\end{array}\right\}$ 的产生，导致

$\left\{\begin{array}{l}①原电池\\②闭塞电池\\③电解池\end{array}\right\}$ 形成，该电池工作，产生 $\left\{\begin{array}{l}①协同效应\\②金属离子的强烈水解\\③自催化效应\end{array}\right\}$ 所致。

37　电化学保护技术中，外加电流阴极保护系统实质上是构成了一个

$\left\{\begin{array}{l}①原电池\\②蓄电池\\③干电池\\④电解池\end{array}\right\}$。其中的被保护设备是 $\left\{\begin{array}{l}①阳极\\②阴极\\③正极\\④负极\end{array}\right\}$，而牺牲阳极的阴极保护系统

是构成了 $\left\{\begin{array}{l}①干电池\\②原电池\\③电解池\\④燃料电池\end{array}\right\}$，其中的被保护设备是 $\left\{\begin{array}{l}①阳极\\②阴极\\③正极\\④负极\end{array}\right\}$

38　尽管 $\left\{\begin{array}{l}①磨损腐蚀\\②孔蚀\\③缝隙腐蚀\\④晶间腐蚀\\⑤空泡腐蚀\end{array}\right\}$ 的起因各有不同，但它们腐蚀过程中会形成

$\left\{\begin{array}{l}①浓差电池\\②闭塞电池\\③腐蚀电池\end{array}\right\}$，并产生了自催化效应。

39 工程上常见 $\begin{cases} ①流动中的海水输送泵 \\ ②不锈钢设备中有碳钢螺栓紧固件 \\ ③不精心施工的涂层保护设备和管线 \\ ④镀锌的碳钢设备 \\ ⑤镀铬的碳钢设备 \end{cases}$ 的腐蚀中，由于存在着小

阳极－大阴极这种腐蚀危险的结构，所以会发生严重的局部腐蚀。

40 工程上要实现阳极保护技术，其阳极钝化曲线上标明的稳定钝化的电位

区间必须要大于 $\begin{cases} ①30mV \\ ②50mV \\ ③100mV \end{cases}$ ，否则难以实现，这是因为

$\begin{cases} ①钝化膜不稳定 \\ ②致钝难进行 \\ ③维钝电位的精准控制难以实现 \end{cases}$

41 如果阴极保护时控制的电位太负，会发生过保护现象，这对被保护设备会带

来危害， $\begin{cases} ①使设备发生氢损伤 \\ ②表面碱化使两性金属受损 \\ ③使电流分布不均匀 \\ ④使防腐涂层剥离 \\ ⑤耗费电能 \end{cases}$

42 阳极型缓蚀剂不适用 $\begin{cases} ①高温介质体系 \\ ②直流排放的冷却水系统 \\ ③循环冷却水系统 \\ ④气相环境体系 \end{cases}$

43 大型碳钢列管式换热器，因形状过于复杂，一般不宜采用阴极保护，其关键

因素是 $\begin{cases} ①辅助阳极的布置不方便 \\ ②耗电能过大 \\ ③电流的遮蔽效应 \end{cases}$ 。因此，为改善电流的分散能力，最有效

的方法是应用 $\begin{cases} ①加大保护电流 \\ ②刷涂层增加表面阻力 \\ ③拉大阴、阳极距离 \end{cases}$

44 使整个生产系统中凡是与介质接触的设备、管道、阀门、机器、仪表等均受

到保护的一种防护技术是 $\left\{\begin{array}{l}①牺牲阳极阴极保护 \\ ②阳极保护 \\ ③缓蚀剂保护 \\ ④涂装保护\end{array}\right.$

45 施工简便，不受构件大小、结构复杂的限制，可供选择品种较多，成本及施工费用较低，最经济、应用最广泛的有效保护方法是

$\left\{\begin{array}{l}①阴极保护技术 \\ ②缓蚀剂保护 \\ ③镀层保护 \\ ④涂料与涂装技术\end{array}\right.$

选择题答案

1 ③⑤

2 ②；①；①②；①

3 ③

4 ③；③

5 ③④；②③

6 ①

7 ②③

8 ②；③

9 ①②③⑥；④⑥；①②③；②④

10 ②

11 ②；①②④

12 ①；③

13 ②；①；②；①

14 ②③；②；①；①

15 ②；①；②；②

16 ②③；①④

17 ①；③

18 ③

19 ②③⑤

20 ②③

21 ①；②

22 ②；①；③；①

23 ②；②

24 ②；③；②

25 ③；②

26 ①；②③④

27 ①；③

28　①④⑤；①②③
29　②③；②；③
30　②
31　①②③④⑤；②③
32　①③④⑤
33　②④⑤
34　②④
35　①⑤⑥
36　②；②；③
37　④；②④；②；②③
38　②③④；②
39　②③⑤
40　②；③
41　①②④⑤
42　①②④
43　③；②
44　③
45　④

填 空 题

1　金属腐蚀是_____的逆过程，是一种_____倾向。因此腐蚀控制并不是要去_____热力学的规律，而只是利用_____把腐蚀速度降低到尽可能小的程度。

2　表征金属腐蚀速度的方法常见的有_____，_____和_____。这些方法只能适用于_____腐蚀，而不适用于_____。

3　金属发生电化学腐蚀的根本原因是介质中有_____存在，而腐蚀电池的存在，对腐蚀只是起_____作用。

4　对于腐蚀来讲，溶解的氧有双重作用，其一_____，另一_____。

5　极化现象的实质在于_____比_____及其相关的连续步骤完成得快。

6　极化现象对防腐_____，去极化现象对防腐_____。

7　大多数金属在非氧化性酸中，发生_____腐蚀，影响这类腐蚀的关键因素是_____。而在中性盐类（包括淡水、海水）溶液中，发生着_____腐蚀，影响这类腐蚀的主导因素是_____。

8　金属在溶液中腐蚀时，随溶液 pH 值降低，氢的平衡电极电位 $E_{e,H}$ 向_____值移动，当溶液中氢的平衡电位 $E_{e,H}$ 比金属中_____极体部分的电位更_____时，氢去极化腐蚀将_____。

9　处于钝态的金属，腐蚀速度虽然很小，但此时并不表明金属的_____很好，而只是材料表面发生了_____，致使腐蚀的_____受阻。一旦钝化膜被破坏，该金属会以_____速度腐蚀。

10　铜的标准平衡电位比氢的正（$E^{\circ}_{e,Cu} > E^{\circ}_{e,H}$），因此铜在_____酸中腐蚀，而在_____酸中不腐蚀，可是铜在潮湿的空气中_____，这是因为_____。

11　在电偶对中，随阴、阳极面积比（$S_{阴}/S_{阳}$）值增大，作为阳极体的金属腐蚀速度会_____，所以工程上应避免_____这种对腐蚀是最危险的结构。

12　工业锌中含有杂质（如 Cu）时，会使腐蚀速度比纯 Zn 的_____，因在

Cu 上析氢的过电位_____。而汞齐化处理后的 Zn 腐蚀速度比纯 Zn 的_____，因在汞上析氢的过电位_____。

13 无论是"浓差电池"还是"供氧差异电池"，与贫氧区接触部位的电位_____，成了_____极，与富氧区接触部位的电位_____，而成了_____极。

14 理想极化曲线是在_____电极上测得的，它的开路电位是_____。在极化图中，其阴、阳极极化曲线的交点，对应的电位是它们的_____，对应的电流是它们的_____。

实测极化曲线是在_____电极上测得的，它的开路电位是被测体系的_____电位。因为这种电极，当它放入溶液中后就已变成_____电极。

15 当金属表面粗糙或金属表面有灰尘、盐粒、炭粒或腐蚀产物时，由于存在_____，_____和_____现象，即使空气中的相对湿度低于 100% 时，也会在金属表面优先凝结水蒸气，从而加剧大气腐蚀。

16 在氧去极化腐蚀中，随溶液中盐的浓度增大_____增大，腐蚀随之增大，但随着盐浓度的增大_____的溶解度下降，又使_____降低。所以当盐的浓度为_____左右时，腐蚀速度最快。实践也证明饱和盐水中碳钢的腐蚀速度要比海水中_____。

17 搅拌对_____腐蚀的速度影响较大，因这类腐蚀大多属_____控制。而对_____腐蚀的速度影响不大，因这类腐蚀是属_____控制。

18 碳钢在_____浓度范围的硫酸中或是在_____浓度范围内的硝酸中很耐蚀，其原因是_____。可在更高的浓度时，由于_____，又会使腐蚀再度_____。

19 应力腐蚀的发生，是由于_____和_____两因素协同作用所致，其中的应力来源主要有_____、_____，腐蚀破裂的断口呈_____性断裂。

20 决定大气腐蚀的关键因素是_____，它决定着金属表面是否有_____存在。

21 盐类性质的_____、_____和_____决定着对金属的腐蚀性能。众多盐类中_____对金属腐蚀最为严重，但_____形成的类盐中如_____、_____有时可作为缓蚀剂使用。

22 按照金属和海水的接触，可将海洋环境分为_____、_____、_____和_____五个区，其中的_____区对碳钢的腐蚀最为严重。

23 钢和铁的腐蚀与 pH 值有关，当 pH 值小于_____时，腐蚀速度很高，但当 pH 值在_____之间时，腐蚀速度几乎与_____无关。当 pH 值为_____时，腐蚀速度大为降低。当碱的浓度继续增高，pH 值超过_____时，将重新引起腐蚀速度的增加。

24 卤素具有很高的电子亲合力，亦即它们有很高活泼性，但是无水的液体或气体卤素，在一般温度下对多数金属是_____的，例如钢当温度升至_____时，也不被任何无水的卤素所腐蚀。然而_____材则与高温的卤素能自发作用而被腐蚀。

水分的存在，通常使惰性干燥的卤素，对普通的结构材料会_____。而_____材在湿氯中却是耐蚀的。

25 输送海水的碳钢泵，随流速的增大，腐蚀速度随之_____。这是由于海水中有_____存在，会破坏_____。而输送淡水的泵，随流速增至一定程度时，腐蚀_____。这是由于流动使_____增多，导致_____发生。

26 细菌腐蚀是指其_____对腐蚀起作用。对腐蚀有害的厌氧菌有_____，喜氧菌有_____、_____。

27 与静态条件相比流体中的磨损腐蚀之所以如此严重，实质上是由于_____和_____两因素协同加速所致。而介质的流动对腐蚀有_____和_____两种作用。

28 在海水中大面积的铜和小面积的不锈钢接触时，对_____是危险的，因为海水中有 Cl^-，会使_____变为阳极而加速腐蚀。而小面积的铜和大面积的不锈钢接触时，对_____却有很大的危险性，因为不锈钢保持着_____状态的可能性较大，反使铜变成了_____极，从而加速腐蚀。

29 石油炼制中，工艺性防腐的"一脱四注"，其中的一脱是_____，四注是_____、_____、_____和_____。

30 使金属获得钝态的方法有_____、_____。两种实施阴极保护的方法：一种是_____；另一种是_____。

31 缓蚀剂按电化学腐蚀机制来分，可分为_____和

_____；如果按其所形成的保护膜的特征来分，可分为_____、_____和_____。

32 用量少，系统中只要与介质接触的设备、管线、阀门及仪表等均能获得保护的方法是_____；施工简便，应用最广泛，不管设备的形状复杂与否，也不管是何种材质都适用的防护方法是_____；需要外加直流电流的防护方法有_____、_____、_____和_____。

33 实验的电位－pH 图是将一些_____参数与理论电位－pH 图相结合而绘制成的。如在含 Cl^- 的介质中，将各 pH 值下得到的保护电位 E_p、击穿电位 E_b 和钝化电位 $E_纯$ 分别对应地按 pH 值和电位作图，可将原电位－pH 图的钝化区细分为_____、_____、_____。这种图对于具体解释一些腐蚀现象，选择有效的防腐途径更有指导意义。

34 举出五种有效的防护途径_____、_____、_____、_____和_____。

35 自然条件（大气、海水、土壤）下的腐蚀，通常均是_____。土壤腐蚀中常见的主要腐蚀形式有_____、_____。

36 磨损腐蚀动态模拟装置常用的有_____、_____和_____三种方式。高速流体引发的磨损腐蚀其特殊的形式有_____、_____两种。

37 在流动体系中，影响磨损腐蚀的因素诸多。除一般的因素外与其直接相关的因素有_____、_____、_____和_____。

38 应用电位－pH 图主要有两个方面：_____，_____。但必须注意此图的局限性，至少举出两个例子：_____，_____。

39 电化学测试技术中，线性极化法适用于_____区，而塔菲尔外推法又应适用_____区。

40 电化学阻抗谱方法是_____为扰动信号的电化学测量方法。它是以测量得到的_____来研究电极系统，因而能比其他常规的电化学方法得到更多的_____及_____。

41 原电池是_____的装置，其中正极上进行着_____反应，故又称为_____极。腐蚀原电池还具有_____、_____的特点。

42 写出五种局部腐蚀的形式_____、_____、_____、_____和_____。

43 阴极保护中，牺牲阳极材料电位应比被保护设备的电位更_____；外加电流法中，被保护设备应与直流电源的_____相连接。

44 经固溶处理过的奥氏体不锈钢，经焊接后，在使用过程中会产生_____、_____两种腐蚀形态。

45 磨损腐蚀的控制途径有_____、_____、_____和_____。

46 除去介质中对腐蚀有害的成分_____，_____以及_____，也是有效的防腐方法。锅炉给水除氧的方法有_____、_____。

47 阳极型缓蚀剂中能使金属_____的缓蚀剂，在使用时，通常有一个_____，如果用量"过"与"不足"，不但没有_____，反而会造成_____，故这种缓蚀剂又称_____。

48 实践证明：金属表面具有保护性的氧化膜，必须具备膜的_____性、_____性、_____性，而且膜与基体金属的_____要好，_____要小。

49 将耐蚀材料覆盖到不耐蚀的金属上进行防腐常用的实施手段有_____、_____、_____和_____。

50 金属从活态变成钝态有三个明显的标志，为_____、_____、_____。四种利用"钝性"进行防腐的方法：_____，_____，_____，_____。

51 在循环冷却水中使用的水处理剂，通常应用多组分复合的药剂，其中包括_____、_____、_____以及_____。

52 核电站中常接触到的辐射线有_____、_____、_____和_____等。辐照腐蚀是通过_____、_____、_____以及_____来影响腐蚀。

53 优良的牺牲阳极具有的特性：_____，_____，_____，_____，_____。
常用的牺牲阳极有_____、_____和_____。

54 钢上镀镍层、钢上镀铬层的电位相对基体金属钢的电位要_____，成为腐蚀电池中的_____极，故这类镀层对钢为_____性镀层，一旦镀层局部受损，则钢会_____。
镀锌层对钢为_____性镀层，一旦镀层局部受损，则钢会_____。

55 涂料通常是由_____、_____、_____和_____物质组成。
作为一种优异的防腐蚀功能涂料，必须具备的主要特性有：_____，_____，_____。如果是在严酷的环境下又需要长效的使用寿命，建议用_____涂料。

56 在实际应用中，一种涂料并不能同时满足防腐、耐磨、美观等使用要求，因此大多数金属表面涂覆几种涂层组成一个整体系统，通常包括_____、_____和_____共同发挥功效，一般各涂层根据功能特长选择树脂，并不要求成膜物质属于同一类型，故又称_____结构体系。

57 举出四种良好的非金属衬里品种：_____，_____，_____和_____。

58 实践证明要做好防护工作必须遵循：_____，_____，_____和_____这四项原则。

填空题答案

1　冶金过程；自发；改变；各种防腐方法

2　质量指标 V（$g/m^2 \cdot h$）；深度指标 V_L（mm/a）；电流指标 i_a（A/cm^2）；均匀腐蚀；局部腐蚀

3　氧化剂；加速作用

4　去极化作用；助钝化作用

5　电子的转移速度；电化学反应

6　有利；有害

7　氢去极化；析氢过电位；氧去极化；氧向电极表面的扩散

8　正；阳；正；发生

9　热力学稳定性；某种突变；动力学；很高的

10　含有氧的；不含氧的；腐蚀；有氧的存在

11　增大；小阳极－大阴极

12　快；低；慢；高

13　低；阳；高；阴

14　理想；平衡电位；腐蚀电位；腐蚀电流；真实金属；腐蚀；极化了的

15　毛细凝聚；化学凝聚；吸附凝聚

16　导电度；氧；腐蚀；3.5%；小

17　氧去极化；扩散；氢去极化；活化

18　78%～100%；50%～80%；发生了钝化；过钝化；加剧

19　拉应力；特定的腐蚀介质；残余应力，负荷应力；脆

20　湿度；水膜

21　酸碱性（pH 值）；氧化还原性；特殊的阴或阳离子；含氧化性阳离子的卤化物；弱酸强碱；磷酸钠；硅酸钠

22　大气区；飞溅区；潮汐区；全浸区；海泥区，飞溅区

23　3；4～9；pH 值；9～14；14

24　不腐蚀；260℃；钛；腐蚀；钛

25　增大；Cl^-；钝态；反而减小；氧传输到金属表面；钝化

26 生命活动间接地；硫酸盐还原菌；铁细菌，硫氧化菌

27 流体力学；电化学；切应力效应；传质效应

28 不锈钢；不锈钢；铜；钝化；阳

29 脱盐；注碱；注氨；注缓蚀剂；注水

30 化学致钝；阳极致钝；牺牲阳极法；外加电流法

31 阳极型缓蚀剂；阴极型缓蚀剂；混合型缓蚀剂；氧化膜型缓蚀剂；沉淀膜型缓蚀剂；吸附型缓蚀剂

32 缓蚀剂技术；涂料与涂装技术；阴极保护；阳极保护；阳极氧化技术；电镀

33 动力学；孔蚀区；不完全钝化区；完全钝化区

34 正确选材；合理设计；电化学保护；介质处理；覆盖层

35 氧去极化腐蚀；充气不均引起的宏电池腐蚀；杂散电流腐蚀

36 旋转圆盘法；管道流动法；喷射法；湍流腐蚀；空泡腐蚀

37 流速；流型；表面膜；第二相

38 估计腐蚀行为；选择控制腐蚀的有效途径；不能预示腐蚀速度；不能预示钝态区保护性能的大小

39 微极化区；强极化区

40 一种以小幅值的正弦波；频率范围很宽的阻抗谱；动力学信息；电极界面结构的信息

41 化学能变成电能；还原；阴；短路原电池；电能不能被利用

42 孔蚀；缝隙腐蚀；晶间腐蚀；应力腐蚀破裂；腐蚀疲劳

43 负；负极

44 焊缝腐蚀；刀口腐蚀

45 正确选材；合理设计；改变环境；涂料与阴极保护联合防腐

46 水中的溶解氧；气体中的湿分；介质中的酸性物质；热力除氧；化学除氧

47 钝化；临界浓度；缓蚀作用；严重的局部腐蚀；危险性缓蚀剂

48 完整；致密；稳定；结合力；膨胀系数差别

49 涂；镀；衬；喷；浸（渗）

50 电位大大地移向正值方向；金属表面发生某种突变——成相的或吸附的膜；腐蚀速度大大降低；研制不锈钢；阳极型缓蚀剂；阳极保护技术；阳极氧化技术

51 缓蚀剂；分散阻垢剂；缓蚀稳定剂；杀生剂

52 α射线；β射线；γ射线；中子流；质子流；辐解效应；辐照–电化学效应；结构效应；腐蚀产物的活化

53 足够负的稳定电位；阳极极化率要小；理论电容量要大；自腐蚀速率要小；无毒无害不污染环境；锌基牺牲阳极；铝基牺牲阳极；镁基牺牲阳极

54 正；阴；阴极；严重腐蚀；阳极；受到牺牲阳极的阴极保护

55 成膜物质；颜料（或填料）；溶剂；助剂；耐蚀性好；透气性和渗水性尽可能小；良好的附着力和一定的机械强度；重防腐蚀涂料

56 底漆；中间漆；面漆；"多层异类"

57 塑料衬里；鳞片树脂衬里；玻璃钢衬里；橡胶衬里

58 正确选材；合理设计；精心施工；科学管理

看图和曲线解析问题

看图回答问题

1　三种体系如下图所示。

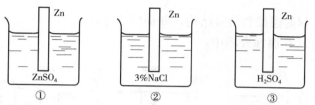

①　　　　　　　②　　　　　　　③

试问：（1）当各体系稳定后建立起来的电位是什么电位？为什么？

　　　　（2）三种体系中 Zn 的腐蚀速度有何不同？为什么？

2　指出下列图中阴、阳极和腐蚀部分，并说明导致腐蚀加剧的原因。

①　　　　　　　②　　　　　　　③　　　　　　　④

3　下列图中何处腐蚀严重？为什么？

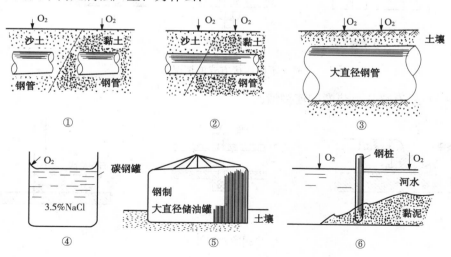

①　　　　　　　　②　　　　　　　　③

④　　　　　　　　⑤　　　　　　　　⑥

4 指出下列各图中何处腐蚀严重？为什么？

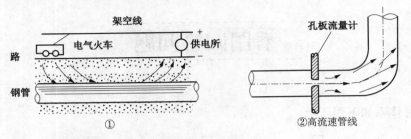

① ②高流速管线

5 指出下列不利的连接和接触结构，并提出改进建议。

（1）不同金属在腐蚀介质中

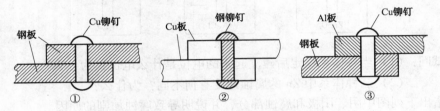

不同金属在腐蚀介质中的连接情况

（2）不同连接的方式

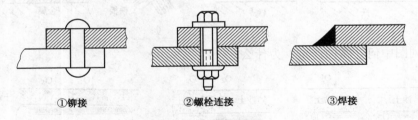

①铆接 ②螺栓连接 ③焊接

不同连接方式的情况

（3）带有垫片、垫圈的连接情况

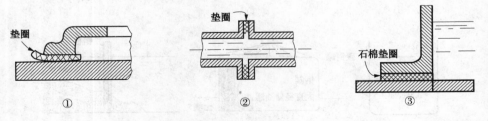

① ② ③

垫圈的使用情况

（4）管板连接方式

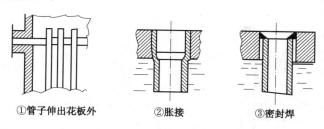

①管子伸出花板外　　　②胀接　　　③密封焊

6　指出下列图中加料、卸料会对设备带来什么腐蚀的问题，并提出改进意见。

（1）加料口的情况

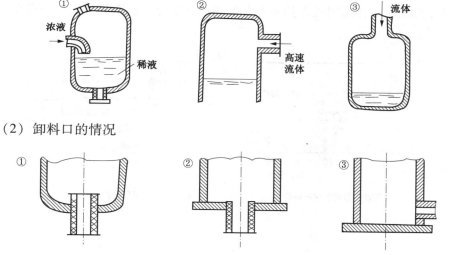

（2）卸料口的情况

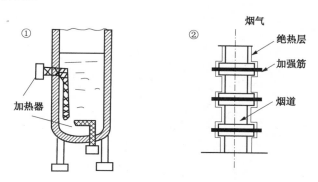

7　指出下列图中不合理的设计部分，说明其原因并提出改进意见。

（1）加热与保温

（2）支撑方式

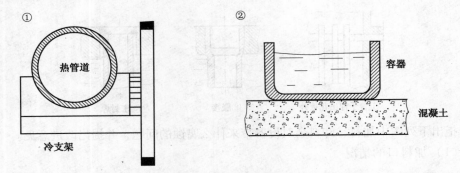

8　如下图所示，指出阴极保护中不合理的设计部分。说明其危害，并提出修改意见。

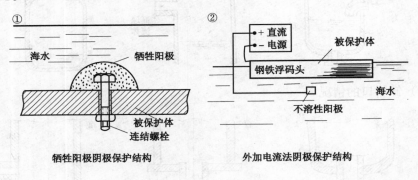

牺牲阳极阴极保护结构　　　　　　　外加电流法阴极保护结构

看 图 解 析

1（1）三种体系的电位

①Zn 放在含本身离子的盐溶液中，Zn/ZnSO$_4$ 界面上只有一对电极反应，即

$$Zn^{2+} \cdot 2e \Longleftrightarrow Zn^{2+} + 2e$$

当体系稳定亦即平衡时：

电极上电荷和金属离子在上式中从左至右及自右至左两个过程的迁移速度相等，亦即电荷和物质都达到了平衡。此时，建立起一个不变的电位值，该值称为平衡电极电位。

②Zn 放在 3% NaCl 溶液中，此时 Zn/NaCl 界面上有两个电极反应，即

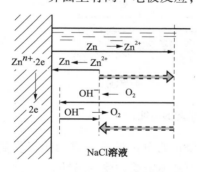

NaCl溶液

$$Zn^{2+} \cdot 2e \Longleftrightarrow Zn^{2+} + 2e$$

$$O_2 + 2H_2O + 4e \Longleftrightarrow 4OH^-$$

当体系稳定时：

电极上一个反应主要进行的阳极过程

$$Zn \longrightarrow Zn^{2+} + 2e$$

与另一个反应主要进行的阴极过程

$$O_2 + 2H_2O + 4e \longrightarrow 4OH^-$$

以相等的速度同时进行着。此时，电荷达到了平衡，而物质却不平衡，金属发生了腐蚀，所建立起来的稳定电位称为腐蚀电位。

③Zn 放在 H$_2$SO$_4$ 中，Zn/H$_2$SO$_4$ 界面上同样也是有两个电极反应，即

$$Zn^{2+} \cdot 2e \Longleftrightarrow Zn^{2+} + 2e$$

$$2H^+ + 2e \Longleftrightarrow H_2$$

当体系稳定时，一个反应的阳极过程

H$_2$SO$_4$溶液

与另一个反应的阴极过程以相等的速度进行着。此时所建立起来的电位与②相同，称为腐蚀电位，锌发生了腐蚀。

(2) 三种体系中的腐蚀情况

①平衡电位条件下，体系中电荷与金属离子都达到了平衡，故不发生腐蚀。

②Zn 在 3% NaCl 中，在腐蚀电位时，是 O_2 作为去极化剂引起的腐蚀，但因 O_2 在盐水中溶解度小，若在静态条件下，腐蚀又属扩散控制，因此腐蚀相对 H_2SO_4 中的要小些。

③Zn 在 H_2SO_4 中，在腐蚀电位时，H^+ 去极化腐蚀属活化控制，而在 Zn 上析 H_2 过电位也不大，所以腐蚀速度要比在 NaCl 溶液中的大。

2　(1) 镀 Zn 铁上的镀层 Zn 若有缺陷时，露出了基体铁，由于 Zn 的电位较负成为阳极而腐蚀；铁的电位相对较正而成为阴极，因而基体铁受到了保护。

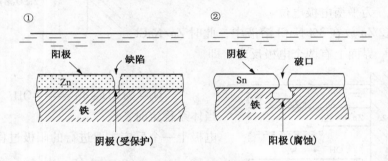

金属表面化学成分不均引起的腐蚀

(2) 镀 Sn 铁上的 Sn 镀层有破口时，由于 Sn 的电位较正，成为阴极受到保护。而铁的电位较负却成了阳极，因而基体金属铁受到腐蚀。

以上两种均属金属表面化学成分不均引起的腐蚀加剧。

(3) 金属机械加工过程中常常会造成金属各部分的变形和受应力作用的不均匀，通常变形较大和应力集中的部位成为阳极。例如图中铁板弯曲处以及铆钉头等部位发生的腐蚀。

这种是属于物理状态不均而引起的腐蚀加剧。

(4) 金属表面形成的钝化膜，由于存在孔隙或破损，这些部位露出极小的基体金属成为阳极，因而受到了严重的腐蚀。

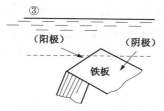

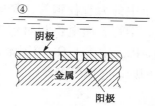

金属物理状态不均引起的腐蚀　　金属表面钝化膜不完整引起的腐蚀

3　通常在土壤和水中，金属腐蚀主要是其中的氧去极化而引起的。

（1）左侧为沙土，O_2 容易渗入沙土中，氧较为丰富，因此埋在沙土中的钢管受到氧去极化微观电池作用，腐蚀较严重。右侧为黏土，O_2 较难渗入，黏土中氧比较少，因此埋在黏土中的钢管，受到的氧去极化微电池作用要小，腐蚀相对比沙土中的要轻。

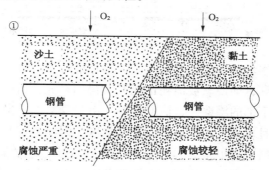

微观电池作用

（2）长输管线通过不同土质时的情况：左侧为沙土，含氧量高，埋在沙土中钢管电位较正，成为阴极。右侧为黏土，含氧量低，埋在黏土中钢管的电位较负，成为阳极，造成了充气不均的宏电池腐蚀，所以右侧埋在黏土中的钢管腐蚀严重，且越靠近不同土质的交界处，腐蚀越严重。

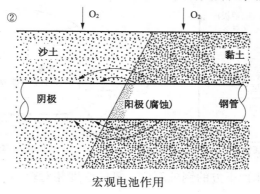

宏观电池作用

（3）埋土中的大直径钢管，离地面近处的管线上部，由于此处土中易渗入 O_2，钢管表面电位相对较正，成为阴极；而离地面远处，管线的下底部，因土中渗入 O_2 较困难，钢管的电位相对较负而成为阳极，所以管线的底部腐蚀严重。

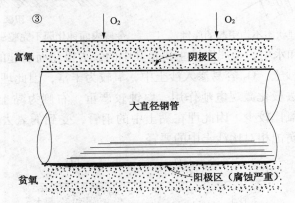

（4）在紧靠盐水弯月面上部的罐壁处，只有很薄的一层盐水，故很容易被溶解氧所饱和，即使氧被消耗也能及时得到补充，所以成为富氧区；而在弯月液面下部的罐壁处，液层较厚，由于受氧的扩散控制，氧不易到达此处，而且也不容易补给，成为贫氧区。因此使弯月面上部和下部的罐壁形成了氧浓差电池，与弯月面下部贫氧液接触的罐壁处成为阳极区，发生了严重的腐蚀。这就是人们常说的"水线腐蚀"。

（5）大直径罐底部最外缘边处离地面近，氧易渗入，故为富氧区；而罐底中心区离地面较远，氧难到达，故为贫氧区。罐底中心区电位相对较负而成为阳极区，腐蚀严重。

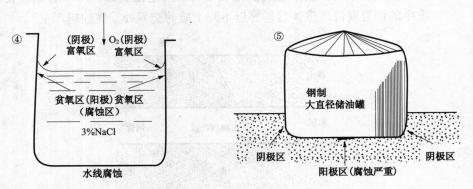

（6）靠近河水水面下方的钢桩部位，氧的浓度相对较小，钢的电位较负成为

阳极区，腐蚀严重。另外，在河水与黏泥的交界处，与河水相比，黏泥中氧更难渗入，是贫氧区，黏泥侧的钢桩成了阳极区，受到严重腐蚀。

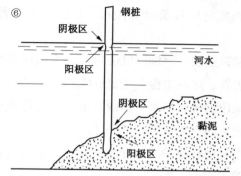

4 （1）杂散电流引起的腐蚀，电流从管线流出入土壤处为阳极区，此处使 $M \longrightarrow M^{n+} + ne$，所以腐蚀严重。

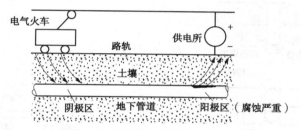

①杂散电流引起的腐蚀

（2）在高流速管线中安装了孔板流量计时应特别要注意安装的位置。如题图中，安装得距离管线转弯处太近，导致弯管处磨损腐蚀严重而穿漏。安装时应注意离管线转弯处有一定长距离，以保证均匀平稳的流动状态，从而减轻管中弯头处的磨损腐蚀。

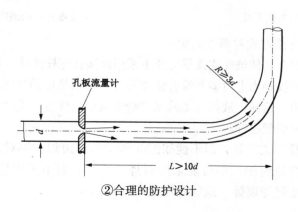

②合理的防护设计

5 （1）异种材质连接在海水中的腐蚀

①钢板用铜铆钉连接，引发电偶腐蚀，铜的电位较正，成为阴极，受到保护；钢板电位较负成为阳极，腐蚀严重，使紧固件松动，造成危险。

②铜板用钢铆钉连接，钢铆钉电位负，成为阳极腐蚀严重，导致紧固件散架完全失效，这在工程上是很危险的，一定要注意。

③铝板和钢板用铜铆钉连接，铜铆钉电位正为阴极受到保护，而铝、钢板均遭腐蚀，同样会使紧固件松动。

如果必须用异种材质在腐蚀介质中接触时，最好在所有接触面上进行绝缘，如图④所示。

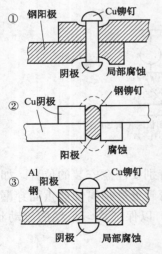

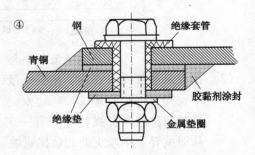

海水中的电偶腐蚀   螺栓连接时的绝缘情况

（2）不同的连接方式对腐蚀的影响

不同类型金属件彼此连接尽可能不采用铆接和螺栓连接（图①②③）这两种结构的接触面上可能并没有紧密贴合，特别是板的边缘和垫片处就显得更加突出。这样，液体（如降水、缝隙聚积液体等）会流入缝隙中或尘粒会聚积而引起腐蚀。

采用焊接方式较好，但不能如图③所示的单边焊，因对边未焊会留下可能缝隙导致腐蚀。尽可能采用对焊、连续焊而不采用搭接焊、间断焊，以免形成缝隙腐蚀。最好是用电焊（见图⑥）。

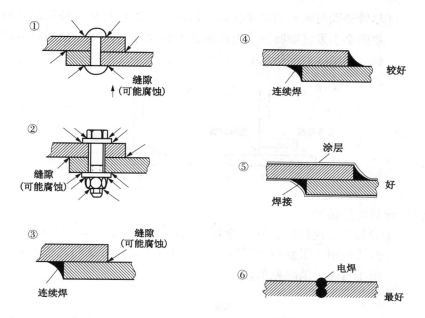

（3）带垫圈的连接情况

①垫圈尺寸比密封面大，如此就会造成缝隙，引发腐蚀。应该使垫圈的尺寸与密封面相同，如图①右侧所示。

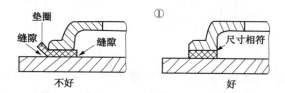

②垫圈的内径比管子内径的尺寸大，如图②左侧所示，易造成间隙，易聚积沉积物和液体，会引发局部腐蚀。应该使垫圈内径与管子的内径尺寸完全相同，如图②右侧所示。

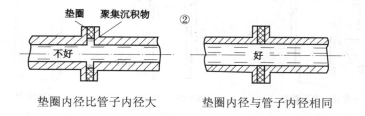

垫圈内径比管子内径大　　　垫圈内径与管子内径相同

③尽管垫圈与密封面尺寸相同，但由于石棉材料是一种吸湿性材料，湿垫圈会引发缝隙腐蚀。因此应该换成尺寸与密封面相同的不吸湿的材料，如图③右侧所示。

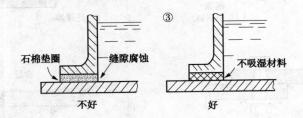

（4）管板连接情况

①管板进行连接时，管子伸到花板之外，造成死角，使沉渣等物聚集，液体残留，引发局部腐蚀。合理的做法应使管端和花板对齐平整，见图①右侧，消除死角。

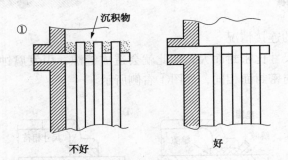

②胀接法使管板连接，尽管其间缝隙很小，但液体仍能渗入，从而引发缝隙腐蚀（见图②左）。焊接法连接管板，其间隙比胀管法要大些，也易产生缝隙腐蚀（见图②中）。为消除管板连接中的缝隙，推荐用封底焊法（见图②右），这是一种消除缝隙、防止腐蚀的好方法。

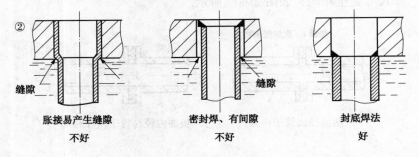

6 加料、卸料方式

（1）加料时可能引发的腐蚀问题

①该设备由于加料口位置不合适（见图①左）造成局部溶液变成高浓度，导致溶液浓度不均，引起各处有电位差，从而导致局部腐蚀加剧。如果将浓液加料管放在罐中央处（见图①右），这就大大减轻了浓差引起的腐蚀。

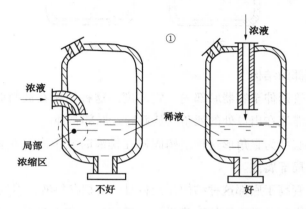

②高速流体冲击设备会造成磨损腐蚀（见图②左），可在需要的地方安装可拆卸的挡板（见图②右），减轻高速液流对设备的直接冲击，防止腐蚀。

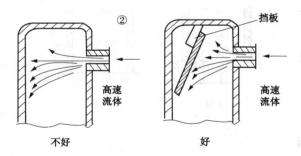

③液体流入罐中产生飞溅（见图③左）会使器壁上积聚凝液，溶液浓缩，甚至形成盐类结垢。液体若沿器壁流下后，也可能出现盐垢。在盐垢后面和溶液的浓缩区，会存在应力腐蚀和孔蚀的危险。合理的设计应将加料管置于容器中央，其管口接近液面（见图③右）或插入液体中。

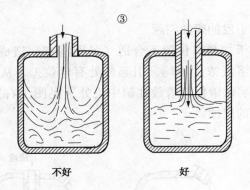

不好　　　　　　　　　　好

（2）容器底部的结构

    ①放料管延伸至容器底部内一定高度。这种结构在放料时，泄不净的料液会滞流在出口处的死角内从而导致局部腐蚀。

    ②容器底部为直角形这种结构同样在排液时放不净，在死角处积存也会引发局部腐蚀。

    ③排料管高于底部这种结构在泄料时，会积存料液，引发容器底部腐蚀。

    ④容器底部及排料管的正确设计应保证泄料完全排空，不积液、不留渣和沉淀为好。

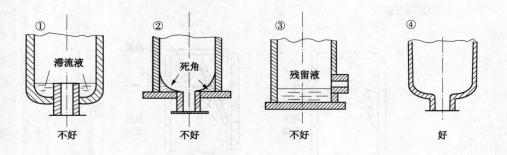

不好　　　　　　　不好　　　　　　　不好　　　　　　　好

7　不合理的设计

（1）加热与保温

    ①该设备中的加热器位置不合适，造成了局部区域过热（见图①左）。由于温差不同，各处电位不同，产生腐蚀电池，从而加速了局部区域的腐蚀。正确的设计应将加热器置于容器的中央部位（见图①右），这样使溶液加热均匀，避免了温差引起的腐蚀。

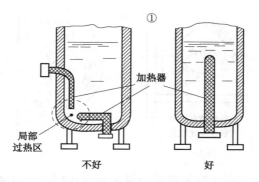

②钢制烟囱的各节圆筒之间用增厚圆环连在一起。为防止散热，外部有一层绝热层。为增加强度，在其外再焊了一圈加强筋（图②左）。特别要注意的是，这一圈加强筋实际上起了散热作用，当温度低于烟气的露点，在此区域内就会析出冷凝液（图②中），从而导致严重的露点腐蚀。正确的做法是去掉起散热作用的加强筋，全部用绝热层措施（图②右），防止热损失，就不会形成冷凝液，腐蚀轻微。可见，温度和热量对腐蚀的影响较大，故传热面的腐蚀是个主要问题，应高度重视。

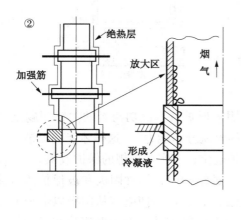

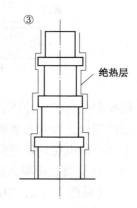

（2）支撑方式

①热管道用冷支架的支承结构属设计不合理，会造成接触处因散热导致管内壁产生冷凝液而造成腐蚀。建议采用如图①所示的结构，应在热管线外包绝热层后再与冷支架接触，以防露点腐蚀。

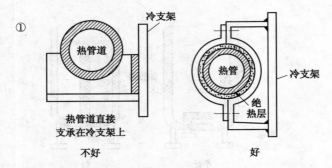

②容器底部与多孔性基础如混凝土直接接触，一旦溶液溢出，流下的液体直接从缝隙处进入容器底部，另外其他种种原因会使基础吸湿、吸液后，都会引发缝隙腐蚀而损坏容器底部（见图②左）。

最好把容器放到型钢支架上，为防止流下的液体腐蚀容器外面还可以焊上个裙边，再放置在混凝土上（见图②右）。另外，如果把容器与混凝土接触的缝隙用沥青封住，即把容器放到沥青层上，也能显著减轻缝隙腐蚀。

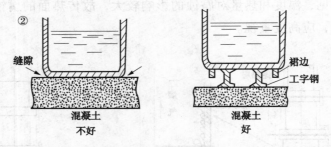

8 根据阴极保护的原理，在工程上阴极保护技术成功与否的关键问题是"用有限的阳极数量和布置能获得最佳的电流分布能力"。这样才能确保被保护体各个部位的电位均能达到合理的保护电位，以实现理想的保护效果。

（1）这是牺牲阳极的阴极保护。这种结构中，牺牲阳极和被保护体直接接触（见图①左），中间没有放绝缘层，这样会使电流从阳极以最短的距离直接流入阴极被保护体，不能分布到较远处，由于电流分布不均，导致阴极保护失败。正确的做法应该是在牺牲阳极与被保护体间用绝缘垫隔开（见图①右）。阴极保护法最好与涂料联合防护。此时，由于涂料的存在，可使保护的电流分散能力大为改善，同时又可节约牺牲阳极的消耗。另外有阴极保护的存在，涂料的缺陷（气孔、针眼、刮伤等）处可得到防护，可见联合防护是强强联合。目前阴极保护与涂料联合防护被公认为是一种最经济、有效的防护方法。

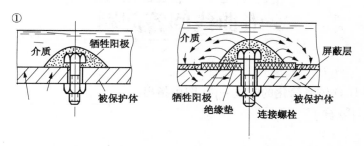

（2）这是外加电流阴极保护。这种结构中的辅助阳极距离被保护体太近，使电流分布只集中在中部，不能流到远处，致使码头保护极不均匀（见图②左）。改进的做法是将不溶性辅助阳极拉大与被保护体间的距离（见图②右），这就大大改善了电流的分散能力，使大型钢铁浮码头得到较理想的保护效果。

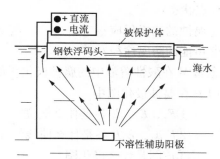

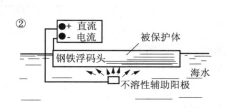

看曲线回答问题

1 在 Fe－H_2O 体系简化的电位－pH 图中指出：

ⓐⓑ是什么线？

A 点状态：

①腐蚀的阴极反应？

②可能的防腐途径？

B 点状态：

①腐蚀的阴极反应？

②可能的防腐途径？

C 点状态：

①腐蚀的阴极反应？

②可能的防腐途径？

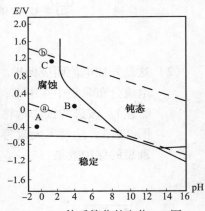

Fe-H_2O体系简化的电位-pH图

2 金属 M 在酸性溶液中的腐蚀极化图如图所示，试解释：

（1）在腐蚀极化图中

①E_1，E_2，E 各是什么电位？

②E_1A_1，E_2B 各是什么曲线？并说明为什么？

③该图是什么极化图？

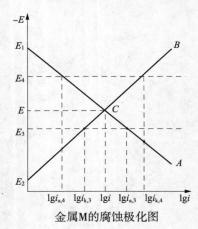

金属M的腐蚀极化图

（2）将 M 阳极极化到 E_3 时

①金属的总溶解电流？

金属的外加电流？

金属的自腐蚀电流？

②如果金属的自腐蚀降低了，自腐蚀电流
降低了多少？这与此时金属腐蚀的加剧
现象是否矛盾？为什么？

（3）将金属 M 阴极极化至 E_4 时

①金属的外加电流？

金属的自腐蚀电流？

②若使 M 获得 100% 保护时的最小保护电位？

3 碳钢在浓硫酸中的腐蚀极化图如下所示。试问：

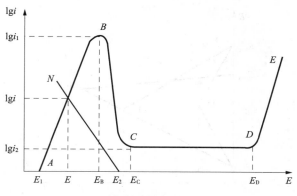

碳钢的腐蚀极化图

（1）碳钢的腐蚀电位及电流密度是多少？

（2）碳钢的阳极极化曲线表明出现了什么状态？用什么参数来表征？此时的碳钢表面发生了哪些变化？

（3）该图是实测的还是理想的腐蚀极化图？根据是什么？

4 纯 Zn 与含杂质的 Zn 在稀 H_2SO_4 中的腐蚀极化图解如下，试说明下列情况。

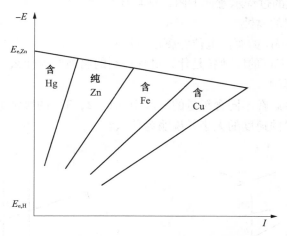

纯 Zn 及含杂质 Zn 在稀 H_2SO_4 中的腐蚀极化图

（1）纯 Zn 在稀 H_2SO_4 中是否会腐蚀？为什么？

（2）含 Hg 的 Zn 在稀硫酸中的腐蚀速度？而含 Fe 或 Cu 杂质的 Zn 在酸中的腐蚀速度又怎样？

（3）基于上述现象，在工程上应如何去使用 Zn？

5 金属 M_1，M_2，M_3 的腐蚀极化图，试解释：

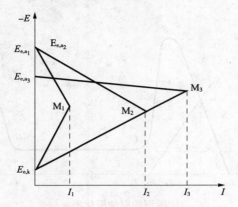

金属 M_1，M_2，M_3 的腐蚀极化图

（1）M 和 M_2 腐蚀的起始电位差（$E_{e,k} - E_{e,a}$）相同，为什么腐蚀速度不同？

（2）M_3 的腐蚀起始电位差（$E_{e,k} - E_{e,a_3}$）比 M_1 的（$E_{e,k} - E_{e,a_1}$）要大，为什么腐蚀 M_3 却比 M_1 要大？

（3）以上现象说明哪些因素对腐蚀有影响？

6 氧去极化腐蚀的过程示意如下图，试解释。

（1）不同金属的腐蚀

①M_1……M_5 的腐蚀电位？腐蚀电流？

②M_1……M_5 的腐蚀各是什么过程控制的腐蚀？为什么？

（2）氧浓度影响

①同种金属在不同含氧量的溶液中（1，2，3）的腐蚀电位？腐蚀电流？

②比较腐蚀速度的大小并说明为什么？

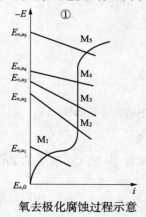

氧去极化腐蚀过程示意

氧浓度对腐蚀的影响

（3）结合图①和图②讨论，如果是扩散控制的氧去极化腐蚀，腐蚀速度与金属本性有何关系？

7 常见的两个腐蚀的阴极极化曲线见下图，试问：

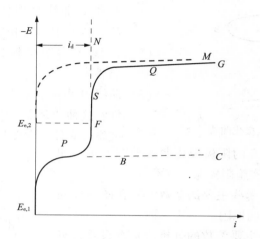

常见的两类腐蚀的阴极极化曲线

（1）$E_{e,1}$、$E_{e,2}$是什么电位？它们之间相差的数值是多少？

（2）$E_{e,1}BC$、$E_{e,1}PFN$、$E_{e,2}M$、$E_{e,1}PFSQG$各是什么极化曲线？

（3）由图中曲线形式可知，析氢腐蚀主要是什么极化控制？而吸氧腐蚀往往多是什么极化控制？为什么？

8 由富氧区和缺氧区引起的金属腐蚀情况如下图所示。

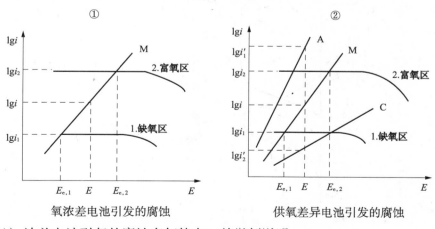

氧浓差电池引发的腐蚀　　　　供氧差异电池引发的腐蚀

（1）浓差电池引起的腐蚀有何特点？并举例说明。

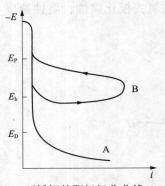

不锈钢的阳极极化曲线

（2）供氧差异电池引起的腐蚀又有何特点？并举例说明。

9　不锈钢的阳极极化曲线如图所示，试回答：

（1）A 和 B 曲线是用什么方法测得？E_D、E_b、E_P 是什么电位？

（2）曲线 A 表明材料具有什么样的腐蚀特性？

（3）曲线 B 表明材料具有什么样的腐蚀特性？这种"环状"阳极极化曲线对研究腐蚀有什么意义？

10　金属 M、N 和 S 的阳极极化曲线如图所示，如果要在工程上实施阳极保护技术，

（1）需要分析哪些主要的参数？并在图中标注出，并说明原因。

（2）根据这些主要参数的分析，是否只要具有钝化现象的都能在工程上实现用阳极保护技术来防腐？为什么？

11　金属 M 在水溶液中的极化曲线如下图所示，试回答。

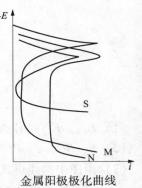

金属阳极极化曲线

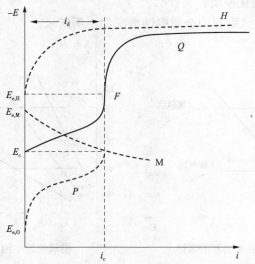

金属 M 在水溶液中的极化曲线

（1）什么是金属 M 腐蚀的阴极还原反应？受什么控制？其腐蚀电位和电流是多少？

（2）哪些是理想的极化曲线？哪些是实测的极化曲线？

（3）若对金属 M 实施阴极保护，其最小保护电位应选在何处？此时的外加电流又是多少？

12 易钝化金属在不同氧化能力的介质中的钝化行为如图所示。试利用腐蚀极化图作解释：

（1）在四种介质中，金属所处的腐蚀状态？并举例说明。

（2）这四种介质氧化能力怎样不同？又如何影响着金属的钝化行为？

13 该图是金属在腐蚀体系中实测极化曲线与理想极化曲线的关系图示意，由图说明：

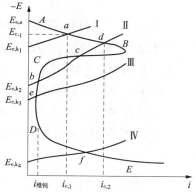

易钝化金属在不同氧化能力的
介质中的钝化行为

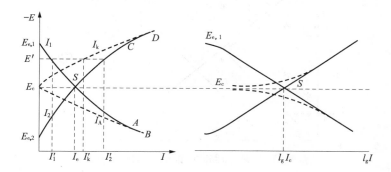

实测极化曲线与理想极化曲线关系的示意

（1）哪条曲线是理想的极化曲线？哪条曲线是实测的极化曲线？

（2）图中 $E_{e,1}$、$E_{e,2}$、E_c、I_c、I_1 与 I_2、I_A 与 I_k 各是什么参数？

（3）两种极化曲线存在哪些关系？（在 E_c 时、$E_{e,1}$，$E_{e,2}$ 时，E' 时）？

（4）为什么要讨论这些关系？

14 根据下列不同氧化能力的去极化剂对金属钝化过程影响的理想腐蚀极化图，画出实测的阳极钝化曲线，并以图①为主说明它与理想曲线之间的关系。

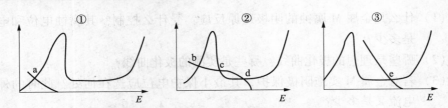

去极化剂还原的理想极化曲线对金属钝化过程的影响

15 金属 M_1 与 M_2 短路构成腐蚀电池的作用情况如图所示，试说明：

（1）金属 M_1 或 M_2 单独存在时：

　　①M_1 和 M_2 的平衡电位与交换电流密度？

　　②在 M_1 和 M_2 上进行去极化反应的平衡电位与交换电流密度？

　　③M_1 和 M_2 金属的腐蚀电位和腐蚀电流密度？哪个金属的腐蚀严重？

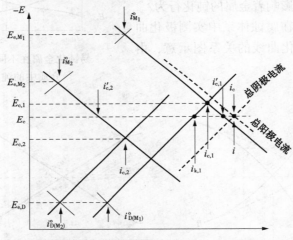

金属 M_1 与 M_2 短路时腐蚀电池的作用情况

（2）当 M_1 和 M_2 金属构成短路腐蚀电池时：

　　①总的腐蚀电位？

　　　总的溶解电流？其中包含哪些电流？

　　②在总的腐蚀电位下：

　　　M_1 的自腐蚀电流？M_1 的总溶解电流？

　　　M_2 的自腐蚀电流？M_2 的总溶解电流？

　　③哪个金属是阳极？哪个金属是阴极？

　　　并根据此短路电池的作用，简述牺牲阳极的阴极保护的基本原理。

看曲线解析

1 在 $Fe-H_2O$ 体系电位 – pH 图（见题图）中

　ⓐ是标准氧电极电位随溶液 pH 值变化的曲线，其电极反应为：

$$O_2 + 2H_2O + 4e \rightleftharpoons 4OH^-$$

　ⓑ是标准氢电极电位随溶液 pH 值变化的曲线，其电极反应为：

$$2H^+ + 2e \rightleftharpoons H_2$$

　　由于金属电化学腐蚀绝大部分是金属与水溶液接触时发生的过程，且作为离子导体相的水溶液中，带电荷的粒子除了其他离子外，总是有 H^+ 和 OH^- 这两种离子。通常，金属腐蚀过程中，有许多电极反应是同 H^+ 或 OH^- 有关的，因此将ⓐ ⓑ两线也放入金属腐蚀体系的电位 – pH 图中，对研究腐蚀的热力学条件以及解释腐蚀现象等就很方便。

　A 点状态：金属 Fe 处于腐蚀区。

　　①此时的 $E_{e,A} < E_{e,H}$，同时 $E_{e,A} < E_{e,O}$，所以金属在 A 点状态腐蚀的阴极反应有：氧的还原反应和氢离子的还原反应。

　　②可能的防护途径：

　　　一种是，将 A 点状态阴极极化至金属的稳定区（即免蚀区），这就是采用阴极保护法。

　　　另一种是，改变溶液 pH 值，将 pH 值增高使 A 点状态进入金属钝态，因金属表面发生突变——形成吸附的或成相的膜，使动力学受阻，使腐蚀显著降低。

　B 点状态：金属 Fe 处于腐蚀区。

　　①此时 $E_{e,B} < E_{e,O}$，所以金属在 B 点状态腐蚀的阴极反应只有氧的还原反应。

　　②可能的防护途径：

　　　一种是，将 A 点状态金属阴极极化至稳定区，降低腐蚀速度，即采用阴极保护法。

　　　另一种是，改变介质 pH 值，将其增高使金属进入钝态区，以显著降低腐蚀速度。

　　　还有将 A 点的金属阳极极化至钝化区，可采用阳极保护法，以降低腐蚀速度。

　C 点状态：金属 Fe 同样是处于腐蚀区。

　　①此时 $E_{e,C} < E_{e,O}$，所以金属在 C 点状态腐蚀的阴极反应也只有氧的还原反应。

②可能的防护途径：

只有一种，就是将 C 点状态的金属阴极极化至金属的稳定区，即采用阴极保护法。

2 金属 M 在酸性溶液中的情况（见题图）

（1）在金属 M 的腐蚀极化图中

①E_1：为腐蚀阳极氧化反应的平衡电极电位。

E_2：为腐蚀阴极还原反应的平衡电极电位。

E：为金属 M 的腐蚀电位。

②E_1A：为理想的阳极极化曲线。

E_2B：为理想的阴极极化曲线。

理想极化曲线的起点为平衡电极电位，随之向各自极化的方向进行。

③由理想的阴、阳极极化曲线组成，该图为理想的腐蚀极化图。其中阴、阳极极化曲线的交点 C 所对应的电位是腐蚀电位，而 C 点对应的电流为腐蚀电流密度。

（2）阳极极化至 E_3 时

①金属的总溶解电流密度为 $i_{a,3}$；

金属此时的外加电流密度为 $i_{a,3} - i_{k,3}$；

金属的自腐蚀电流是此时金属本身的阴极还原反应所担当的腐蚀部分，应为 $i_{k,3}$。

②此时金属的自腐蚀电流降低了 $i - i_{k,3}$，这与此时的腐蚀加剧现象并不矛盾。因为此时腐蚀的总量中一部分是自腐蚀提供的，另一部分是外加阳极极化的外加电流提供的。此时所谓的腐蚀的加剧现象是指金属的总溶解速度，即

金属总溶解速度 $i_{a,3}$ = 自腐蚀电流引起的腐蚀速度 $i_{k,3}$ +

外加阳极电流引起的腐蚀速度（$i_{a,3} - i_{k,3}$）

（3）阴极极化至 E_4 时：

①金属的外加电流密度为 $i_{k,4} - i_{a,4}$；

金属的自腐蚀电流密度为 $i_{a,4}$。

②若使金属 M 获得 100% 保护时，阴极保护的最小保护电位应选在 E_1，在此电位下，腐蚀停止（阳极溶解电流 $i_a = 0$）。

3 碳钢在浓硫酸中的腐蚀（见题图）

（1）碳钢的腐蚀电位为 E；

碳钢的腐蚀电流密度为 i。

（2）碳钢的阳极极化曲线表明碳钢有阳极致钝的现象。

对钝化进行表征主要用三个参数，即：致钝电流密度 i_1，维钝电流密度 i_2 和稳定钝化的电位范围 $E_C - E_D$。

此时钝化的碳钢表面发生了：

①电位大大地移向正值方向；

②表面发生了突变——形成吸附的或成相的膜；

③腐蚀速度大大降低。

（3）该极化图为理想的腐蚀极化图，因为它的极化曲线起点都是各自的平衡电极电位。阴、阳极极化曲线的交点 E 为腐蚀电位。

4　锌的腐蚀

（1）纯 Zn 在稀 H_2SO_4 溶液中电极表面存在着两个电极反应：

$$Zn \rightleftharpoons Zn^{2+} + 2e$$

$$2H + 2e \rightleftharpoons H_2$$

当体系稳定后，失去电子的是一个过程的阳极反应 $Zn \longrightarrow Zn^{2+} + 2e$，而得到电子的却是另一个过程的阴极反应，$2H^+ + 2e \longrightarrow H_2$，并以相等的速度在进行。此时的电荷交换虽达平衡，但物质不平衡。所以纯 Zn 在稀 H_2SO_4 溶液中会发生氢去极化腐蚀。

（2）含有杂质的 Zn 与纯 Zn 比，腐蚀速度通常要更大。这是由于杂质存在，形成了腐蚀原电池，会加速金属的电化学腐蚀，所含杂质种类不同，腐蚀速度亦不相同。如含 Fe 或 Cu 的 Zn，在稀酸中由于在 Fe 上或 Cu 上析氢的过电位要比 Zn 小，所以 Zn 上的析氢腐蚀速度就更大。但如含 Hg 的 Zn，由于 Hg 上析氢的过电位很大，所以此时 Zn 上的析氢腐蚀速度就会大大降低。

（3）基于上述现象，在工程使用 Zn（含杂质）时就要特别注意防护。例如干电池的外壳常用 Zn 制作，为防止 Zn 的自腐蚀，以免过早腐蚀而穿漏，往往在电解质中放些汞盐使 Zn 表面 Hg 齐化，使其腐蚀速度大大降低，提高了电池寿命。

5　由腐蚀极化图（见题图）解释：

（1）虽然 M_1 和 M_2 的起始电位差（$E_{e,k} - E_{e,a}$）相同，但是 M_1 的阴、阳极反应阻力大（极化曲线斜率大），反应较慢；而 M_2 的阴、阳极反应阻力小，反应较容易，反应速度较大，所以 M_2 的腐蚀速度要比 M_1 的大（$I_2 > I_1$）。

（2）M_3 的起始电位差（$E_{e,k} - E_{e,a}$）要比 M_1 的小，但 M_3 的阴、阳极反应速度比 M_1 的大（极化曲线的斜率小），所以 M_3 的腐蚀速度要比 M_1 的大得多（$I_3 \gg I_1$）。

（3）由上说明，在分析具体的腐蚀问题时，不能只看热力学因素的影响，也要兼顾动力学因素的影响，只有综合这两种因素进行分析才能得出正确结论。

6 氧去极化腐蚀的过程

（1）不同金属的腐蚀

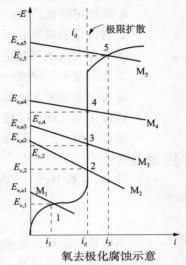

氧去极化腐蚀示意

①M_1 的腐蚀电位为 $E_{c,1}$，腐蚀电流密度为 i_1；

M_2 的腐蚀电位为 $E_{c,2}$，腐蚀电流密度为 i_d；

M_3 的腐蚀电位为 $E_{c,3}$，腐蚀电流密度为 i_d；

M_4 的腐蚀电位为 $E_{c,4}$，腐蚀电流密度为 i_d；

M_5 的腐蚀电位为 $E_{c,5}$，腐蚀电流密度为 i_5。

②M_1 的腐蚀是受阴极氧离子化反应过程控制。因为阳极曲线与阴极曲线在氧的离子化过电位控制区相交于点1，这时的腐蚀电流密度小于氧的极限扩散电流密度的一半 $\left(i_1 < \frac{1}{2}i_d\right)$，金属表面氧的浓度较大。金属 M_1 的腐蚀速度主要决定于金属表面上氧的离子化过电位。

M_2 的腐蚀由氧的扩散过程控制。阴、阳极曲线相交于氧的扩散控制区。此时，氧向金属表面的扩散与氧在该金属表面上的离子化反应相比是最慢的步骤。金属 M_2 的腐蚀速度等于氧的极限扩散电流密度 i_d。

M_3、M_4 与 M_2 同样，腐蚀属氧的扩散过程控制，腐蚀速度等于氧的极限扩散电流密度 i_d。例如：锌、铁和碳钢等金属和合金在天然水或中性溶液中的腐蚀都属于这种情况。

M_5 在溶液中电位很负，阴、阳极曲线相交于点5，腐蚀的阴极过程由氧去极化反应和氢离子去极化反应共同组成。此时的腐蚀电流密度大于氧的极限扩散电流密度（$i_5 > i_d$）。

（2）氧浓度对腐蚀的影响

①在氧浓度1溶液中，腐蚀电位为 E_1，腐蚀电流密度为 i_1。

在氧浓度2溶液中，腐蚀电位为 E_2，腐蚀电流密度为 i_2。

在氧浓度3溶液中，腐蚀电位为 E_3，腐蚀电流密度为 i_3。

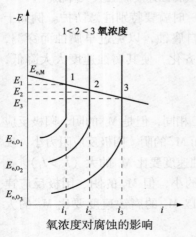

氧浓度对腐蚀的影响

②腐蚀是属氧浓度扩散控制，随着溶液中氧浓度的增大，极限扩散电流密度 i_d 随之增大；在扩散控制时，腐蚀电流密度等于极限扩散电流密度 i_d，腐蚀速度随之增大，所以腐蚀加剧。

（3）以上讨论可知：腐蚀速度仅由氧的扩散速度决定，阳极化曲线的起始电位以及曲线的走向对腐蚀速度均无影响，说明腐蚀速度与金属本性的关系不大。

7 两类腐蚀的阴极极化曲线（见题图）

（1）$E_{e,1}$ 是氧去极化反应的平衡电极电位 $E_{e,0}$，$E_{e,2}$ 是氢去极化反应的平衡电极电位 $E_{e,H}$，在任何 pH 值的水溶液中 $E_{e,H}$ 要比 $E_{e,0}$ 电位负，两者相差 1.229V。

（2）$E_{e,1}BC$ 是氧离子化反应的阴极极化曲线。$E_{e,1}PFN$ 是氧离子化反应和氧的扩散步骤组成的阴极极化曲线。

$E_{e,2}M$ 是氢去极化反应的阴极极化曲线，$E_{e,1}PFSQG$ 是氧去极化反应与氢去极化反应共同组成的阴极极化曲线。

（3）从图中阴极极化曲线形状可知：析氢腐蚀主要是阴极的电化学极化（活化极化）控制，而氧去极化腐蚀大多主要是氧的扩散控制。前者由于溶液中 H^+ 浓度大，浓度极化不突出；而后者由于溶液中氧的溶解度小（约为 10^{-4}mol/L），而且扩散系亦小，因此从溶液主体中将 O_2 输送到电极表面困难，浓度极化突出。

8 由富氧区和缺氧区共同引起的腐蚀

与富氧区接触的电极，电位较正；与缺氧区接触的电极，电位较负。但它们所组成的电池由于性质不同，对腐蚀的影响不同。

（1）由浓差电池引发的腐蚀（见题图①）

①认为与不同氧浓度溶液接触的金属电位的不同，是用描述平衡电位的 Nernst 方程式来解释，贫氧和富氧两个区中腐蚀的阳极过程都是遵循着同一个动力学规律。

②电池中富氧区的金属电位较正成为阴极，受到了保护，腐蚀电流从 i_2 降低为 i；而贫氧区的金属电位较负，成为阳极，腐蚀被加剧，腐蚀电流由 i_1 升至 i。

可见氧浓差电池中的阴、阳极相向互相极化至同一个电位 E、同一个电流 i 腐蚀着，此时的缺氧区金属腐蚀被加速，但腐蚀速度也并不很大。例如，长输管线经过不同土质时，会造成充气不均的宏观电池腐蚀，埋在黏土层的管线比沙土中的由于氧渗入困难，成为缺氧区，是阳极，导致腐蚀的加剧。

（2）供氧差异电池引发的腐蚀（见题图②）

①与不同氧浓度溶液接触的金属电位的不同是用动力学方程推导出来的。同样富氧区的电位较正成为阴极，而贫氧区的电位较负成为阳极，这些电位是腐蚀电位，不是平衡电位。

②这种电池往往具有小阳极 – 大阴极的结构，随着腐蚀的进行，腐蚀产物易堵塞阳极区的出口，使阳极区内溶液滞留，与阴极区内物质交换困难，导致溶液成分发生变化，造成在阴、阳极两个区内阳极溶解遵循不同的动力学规律。此时尽管两部分金属表面的电位仍相同为 E，然而阳极区（缺氧区）内的阳极曲线由原来的 M 变成了 A，溶解速度大大增加，由原来的 i_1 上升至 i_1'；而阴极区（富氧区）内的阳极曲线则由原来的 M 变成了 C，溶解更加困难，由原来的 i_2 显著降至 i_2'。此时，阳极区的溶解电流 i_1' 远大于阴极区的溶解电流 i_2'，最终使缺氧的阳极区发生严重的局部腐蚀，因此，供氧差异电池的存在，导致闭塞电池形成并工作，产生了自催化效应，最终导致严重的局部腐蚀。例如孔蚀、缝隙腐蚀等，它们严重的腐蚀过程就是遵循这一机制进行的。可见，用原先的"浓差电池"的腐蚀概念来解释是错误的，也是讲不通的。

9　不锈钢阳极极化曲线

（1）A、B 曲线均是用恒电位法测得的，因为曲线中有一个电流 i 对应多个电位 E 的关系，必须用恒电位法才能测得曲线的全貌，用恒电流法是不行的。

E_D 为金属的过钝化电位；

E_b 为金属的孔蚀电位（又称击穿电位）；

E_P 为金属的保护电位。

（2）曲线 A 中没有出现较大的致钝电流密度，而且稳定钝化电位区间较宽，维钝电流密度也小，说明该金属有自钝化特点。

（3）曲线 B 表明金属在该溶液中有孔蚀发生。因为金属还没有进入过钝化区时已经出现电流增大的现象（$E_b < E_D$），这就表明钝化膜已被击穿，开始不具有保护性了，腐蚀又开始加大。当回扫时电位到达 E_P 时，金属又重新钝化。测金属的环状阳极极化曲线，常用恒电位动态正反扫描法来进行测得，这种技术可以比较全面地对合金钢的耐孔蚀性能作出评定，其中的孔蚀电位越正越耐孔蚀；另外 $E_b - E_P$ 的差值越小，说明滞后环小，也表明越耐孔蚀。

例如，两种不锈钢在海水中的环状阳极曲线如图所示。由图可知，虽然这两种材料的孔蚀电位 E_{b1}、E_{b2} 相差不大，但从滞后环的大小即从 $E_b - E_P$ 的差值来看，1Cr18Ni9Ti 的 $E_{b1} - E_{P1}$ 差值要比 316L 的 $E_{b2} - E_{P2}$ 差值小一倍，综合起来看前者耐孔蚀性能比后者的要好。但也必须指出 1Cr18Ni9Ti 在海水中耐孔蚀性能也不算好，因为它的 E_{b1} 值仍相当低，而且滞后环也相当大。目前，新开发出的双相不锈钢，是理想的海水用钢，它的 E_b 和 E_P 很高，几乎接近 1000mV。E_P 值几乎与 E_b 一致，仅差 30～40mV。表明滞后环很小。

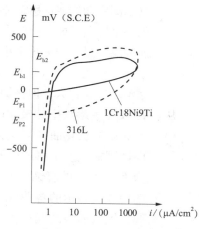

不锈钢在海水中的环状曲线

应该指出的是，E_b，E_P 的数值随测定的扫描速度不同而不同，尤其是 E_b 的变化要更大，因为孔蚀的发生都存在一个诱导期，这个诱导期和试片的浸泡时间有关，因此用两个参数 E_b、E_P 一起评定金属的耐孔蚀性能要比单用 E_b 值来评定更合理和更全面，但必须注意确定 E_b、E_P 数值，所用的试验方法和试验条件。

10 金属的阳极钝化曲线如图所示，要在工程上实现阳极保护技术

（1）需要分析三个主要的参数

　　①致钝电流密度 $i_{致钝}$：$i_{致钝}$ 越小越好，说明容易实现钝化，可选择相对较小容量的直流电源。

　　②维钝电流密度 $i_{维钝}$：$i_{维钝}$ 越小越好，说明保护效果好，保护后金属的腐蚀速度小。

　　③稳定钝化的电位区间 $E_C - E_D$：该区间越宽越好，这样便于实现有效的钝态控制。一般来说，$E_C - E_D < 50mV$ 时，工程上就很难控制电位处于稳定的钝态区内。

（2）根据以上三个主要参数的分析可知，金属即使具有阳极钝化现象，也不一定能在工程上实现阳极保护。

如图中曲线 S：虽然有阳极钝化现象，但由于稳定钝态的电位区间 $E_C - E_D$ 过窄，不便现场控制，故不采用阳极保护技术。

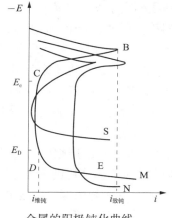

金属的阳极钝化曲线

又如图中曲线 N：稳定钝态的电位区间较宽，但 $i_{维钝}$ 较大，这种情况要补做一个实验，即维持钝态电位下测金属的失重，观其 $i_{维钝}$ 是否真正代表金属的腐蚀量，如失重很小表示保护效果很好，现场溶液中是有其他杂质离子在电极上反应（副反应）多消耗了电流。如果实施阳极保护，虽然日常消耗电能稍大，但保护效果还是非常好的，这种情况可酌情采用。

11 从金属 M 在水溶液中的极化图（见题图）可知：

(1) 金属阳极极化曲线与氧去极化曲线相交于扩散控制区，所以金属 M 的腐蚀阴极上发生氧的还原反应。腐蚀受氧的扩散步骤控制，其腐蚀电位为 E_c，对应的腐蚀电流为 i_c，与氧的极限扩散电流 i_d 相等。

(2) 图中虚线表示的各曲线 $E_{e,H}H$、$E_{e,O}PFQ$ 以及 $E_{e,M}M$ 都是理想的极化曲线，因为曲线的起始点是平衡电极电位，随后向各自方向极化。E_cFQ 为实测极化曲线，其起点是腐蚀电位，随后向自己的方向极化。

(3) 若对金属 M 实施阴极保护，其最小保护电位应选在金属 M 阳极反应的平衡电位 $E_{e,M}$ 处，此时金属 M 的阳极溶解（自腐蚀）电流为零，此时的外加阴极电流与极限扩散电流 i_d 相等，也就是理想的和实测的阴极极化曲线开始重合的点（$E_{e,M}$）处对应的电流。

12 易钝化金属的钝化行为（见题图）

(1) 不同介质中金属所处的腐蚀状态

①情况 I：阴极极化曲线与阳极极化曲线有一个交点 a，且处于阳极曲线的活化区，在这种情况下，金属没有进入钝化状态，而是以相当于 $i_{c,1}$ 的速度进行着腐蚀，其对应的腐蚀电位 $E_{c,1}$。如不锈钢在无氧的稀硫酸中及铁在稀硫酸中的腐蚀就属此类。

②情况 II：这种情况下，阴、阳极极化曲线相交于 b、c、d 三个点。它表明这三个点其氧化速度和还原速度相等。可见，若金属原先就处在活态（d 点），则它在这种介质中不会钝化，而将以相当于 $i_{c,2}$ 的速度腐蚀着；如果金属原先已处于钝态（b 点），那么它也不会活化，只是以相当于 $i_{维钝}$ 的速度进行腐蚀；如果金属一旦由于某种原因活化了，金属在这种介质中不可能再恢复钝态。因为对应 c 点金属是处于不稳定状态。例如不锈钢在含氧硫酸中的腐蚀情况。

③情况III：此时阴、阳极极化曲线只有一个交点 e，且处于钝化区。此种情况，只要将金属或合金浸入介质中，它将与介质自然作用进入钝化状态。从防腐的观点来看这是人们所希望的。例如铁在中等浓度的硝酸中、不锈钢在含 Fe^{3+} 的酸中及高铬合金在硫酸、盐酸中的耐蚀行为属于此类。

④情况Ⅳ：这时阴、阳极极化曲线相交于过钝化区的 f 点，所以金属将发生过钝化而遭到较严重的腐蚀。例如，不锈钢在发烟硝酸中的腐蚀即属于这种情况。

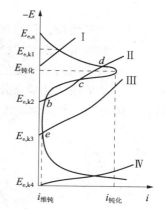

介质的氧化能力对钝化的影响

（2）四种介质的氧化能力

由极化曲线可知介质的氧化能力依下列次序而增：

情况Ⅰ＜情况Ⅱ＜情况Ⅲ＜情况Ⅳ

由上可知：在没有任何外加电流极化的情况下，金属表面上自钝化过程发生的条件之一，就是依靠介质中氧化剂的电化学还原促使金属表面钝化。可见，同一种金属材料，它的自钝化过程受氧化剂的阴极还原过程的难易来决定。

因此，并不是所有的氧化剂都能作为钝化剂使金属自钝化，只有那些初始还原电位如 $E_{e,k3}$ 高于金属的钝化电位 $E_{钝化}$ 且其阴极极化率较小（曲线较平坦）的氧化剂才可能使金属进入自钝化状态。

13 实测极化曲线与理想极化曲线的关系（见题图）

（1） $E_{e,1}AB$、$E_{e,2}CD$ 为理想极化曲线；

　　 E_cAB、E_cCD 为实测极化曲线。

（2） $E_{e,1}$ 为金属电极反应的平衡电极电位；

　　 $E_{e,2}$ 为溶液中去极化剂反应的平衡电极电位；

　　 E_c 为该腐蚀体系的腐蚀电位或混合电位；

　　 I_c 为该腐蚀体系的腐蚀电流；

　　 I_1 与 I_2 分别表示理想阳极与阴极的外电流；

　　 I_A 与 I_k 分别表示实测阳极与阴极的极化电流。

（3）在 E_c 时：是实测极化曲线的起点，恰等于理想阴、阳极极化曲线的交点 S 时的电位，故称体系的腐蚀电位，其对应的电流 I_c 为腐蚀电流。

　　在 $E_{e,1}$ 时：当电位从 E_c 阴极化至金属电极反应的平衡电位时，理想和实测的阴极极化曲线开始重合。

　　在 $E_{e,2}$ 时：当电位从 E_c 阳极化至去极化剂反应的平衡电位时，理想和实测的阳极极化曲线开始重合。

　　当电位阴极极化至 E' 时：实测电极上的外加极化电流恰等于理想电极上在该电位时，阴极外电流与阳极外电流之差值，即

$$I_k = I_2' - I_1'$$

（4）众所周知，利用理论的极化曲线对于解释腐蚀现象、分析腐蚀过程及影响因素等很方便，可是理想极化曲线不能直接测得，实际腐蚀研究中大量应用的是实测的。因此知道这两者间的关系，就可较为方便地通过实测的极化曲线来分析研究腐蚀问题。

14 所画出的实测极化曲线见图中的实线。

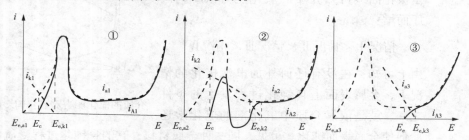

去极化剂还原的理想极化曲线对金属钝化过程的影响

– – – 理想极化曲线；—— 实测极化曲线

理想极化曲线与实测极化曲线的关系如下：

i_a、i_k 分别为理想极化曲线的电流密度，i_A 是实测极化曲线的外加电流密度。

（1）腐蚀电位 E_c 时：

$$理想的电流 \quad i_a = i_k$$
$$实测的电流 \quad i_A = 0$$

（2）阳极极化电位至 $E_{e,k}$ 时：

$$理想的电流 \quad i_a；i_k = 0$$
$$实测的电流 \quad i_A = i_a - i_k = i_a$$

此时，$i_A = i_a$。可见，当电极阳极极化至阴极还原反应的平衡电位 $E_{e,k}$ 时，理想极化曲线与实测极化曲线开始重合。

（3）电位阳极极化在 E_c 与 $E_{e,k}$ 范围内：

$$实测的电流 i_A = 理想的 i_a - 理想的 i_k$$

另外，两者不同的是理想极化曲线的起点是平衡电极电位 $E_{e,k}$、$E_{e,a}$，而实测的极化曲线的起点是它们的腐蚀电位 E_c。

15 金属 M_1 与 M_2 短路时腐蚀电池的作用

（1）金属 M_1 与 M_2 分别单独存在时

①M_1 的平衡电位为 $E_{e,M1}$；交换电流密度为 i°_{M1}。

M_2 的平衡电位为 $E_{e,M2}$；交换电流密度为 i°_{M2}。

②M_1 上去极化反应的平衡电位为 $E_{e,D}$，交换电流密度为 $i^\circ_{D,(M1)}$。

M_2 上去极化反应的平衡电位为 $E_{e,D}$，交换电流密度为 $i^\circ_{D,(M2)}$。

③M_1 的腐蚀电位 $E_{c,1}$，腐蚀电流 $i_{c,1}$。

M_2 的腐蚀电位 $E_{c,2}$，腐蚀电流 $i_{c,2}$。

两金属单独存在时，金属 M_1 的腐蚀更严重，$i_{c,1} > i_{c,2}$。

（2）金属 M_1 和 M_2 构成短路时

①总腐蚀电位为 E_c，金属 M_1 和 M_2 总溶解电流为 i。

总溶解电流 i 为电位 E_c 时 M_1 的总溶解电流 $i'_{c,1}$ 与 M_2 的自腐蚀电流 $i'_{c,2}$ 之和，即 $i = i'_{c,1} + i'_{c,2}$

②在 E_c 电位时：M_1 的自腐蚀电流为 $i_{k,1}$，总溶解电流为 $i'_{c,1}$。

M_2 的自腐蚀电流为 $i'_{c,2}$，总溶解电流为 $i'_{c,2}$。

③M_1 的电位较负，成为阳极，腐蚀加剧。腐蚀电流由原来单独存在时的 $i_{c,1}$，短路后升至 $i'_{c,1}$。

M_2 的电位较正，成为阴极受到保护，腐蚀电流由原来单独存在时的 $i_{c,2}$，短路后下降至 $i'_{c,2}$。

可见，用一个电位较负的金属（如 Zn）与另一金属（如碳钢）短接后，碳钢成为阴极受到保护，Zn 成为阳极加速腐蚀，腐蚀显著，这就是牺牲阳极的阴极保护法的基本原理。

第四部分 问答题

问　答　题

1　什么叫金属腐蚀：为什么说金属的腐蚀是自然界中的一种自发倾向？既然如此，人们为什么要进行防护？

2　金属腐蚀速度有几种常见的表示方法？它们之间如何转换？这些也能评价局部腐蚀的程度吗？为什么？

3　电极电位如何测量？用图示出其测量回路以及其中所需用的仪表及元件，并对仪表和元件的要求进行说明。

4　参比电极应具备什么条件？实验室常用的参比电极有哪些？它们相对氢标的电位值各是多少？工程上应用的参比电极有哪些？有何要求？

5　理论的电位－pH图是何种图形？图中各组、各类线段都代表什么？该图将材料的状态又主要分成几个区？

6　理论电位－pH图在研究金属腐蚀与腐蚀控制中有何作用？应用中必须注意哪些局限性？为什么？

7　什么是电极的极化？产生极化的实质何在？极化的类型有几种，其特点如何？它们对于腐蚀又有何作用？

8　平衡体系与共轭体系有何不同？体系稳定时分别用什么参数来表征？金属腐蚀体系属何体系？该体系中，材料的稳定性如何？

9　在置于空气中的洁净钢片上，滴上一滴为空气饱和的盐水滴。试说明盐水滴区域钢表面上的腐蚀过程。这个著名的盐水滴试验给人们什么启示？

10　金属发生电化学腐蚀时必要条件是什么？试解释：

（1）$E^\circ_{e,Cu} > E^\circ_{e,H}$，在潮湿空气中，为什么铜会生锈？

（2）$E^\circ_{e,Ti} < E^\circ_{e,H}$，工程上钛为什么又是良好的耐蚀材料？

11　试判断铁（$E^\circ_{e,Fe} = -0.44V$）和铜（$E^\circ_{e,Cu} = +0.337V$）在下列溶液中能否发生腐蚀？若腐蚀，指出何种物质进行了还原反应？为什么？

已知数据：　　　　　　　　　　　　　　　　　　pH = 0　　　pH = 7

（1）在无氧的酸中　　　　　　　$E^\circ_{e,H}$　　　0V　　　　　−0.414V

（2）在含氧的酸中　　　　　　　$E^\circ_{e,O}$　　　1.229V　　　0.815V

（3）在含 Fe^{3+} 溶液中　　　　$E^\circ_{e,Fe^{3+}}$　　0.771V　　　−0.146V

12 氧与金属组成的腐蚀电池，其推动力比氢的要大，为什么一般氧去极化腐蚀的速度反而要比氢去极化腐蚀的速度小？

13 什么情况下会发生氢去极化腐蚀？这类腐蚀有何特点？影响这类腐蚀的主要因素是什么？

14 什么情况下会发生氧去极化腐蚀？这类腐蚀有何特点？影响这类腐蚀的主要因素是什么？

15 三种自然条件（大气、海水、土壤）下腐蚀的阴极过程都是氧去极化作用，但由于介质的条件不同给这三种腐蚀带来哪些不同的特点和影响？

16 三种不同的锌合金中，①含少量 Hg，②含少量 Pt，③含少量 Fe 或 Cu。试问：

（1）为什么在 0.5mol/L 的硫酸溶液中，它们的腐蚀速度相差较大？

（2）为什么在 0.5mol/L 的盐水溶液中，它们的腐蚀速度却又相差不大？

17 对于碳钢的腐蚀，试回答：

（1）海水中的盐浓度比饱和盐水中的要小得多，可为什么海水中的腐蚀速度要大得多？

（2）与静态的相比，流动海水中的腐蚀如何？为什么？

（3）流动淡水与静态的相比，其腐蚀情况又如何？为什么？

（4）氧对腐蚀有什么影响？为什么？

18 理想极化曲线与实测极化曲线的区别与关系如何？

19 腐蚀极化图对腐蚀学科的研究有何意义和作用？

20 金属从活态变成钝态有哪些实质性的变化？有钝化现象的金属其阳极极化曲线有何特点？

21 利用钝化理论如何解释 Cl^- 对钝态的破坏？钝态被破坏后，金属的稳定性如何？

22 对不锈钢设备进行水压试验时，水中 Cl^- 的浓度是否应限制？为什么？

23 18-8 普通不锈钢的耐蚀性很好，试解释：

（1）为什么加工、安装、运行中忌用钢丝刷和碳钢夹具？

（2）为什么海水中的设备不使用它来制造？

（3）能否采用阴极保护来防止不锈钢在海水中的腐蚀？为什么？

24 为什么严重污染的工业大气对金属的腐蚀特别严重？控制大气腐蚀的措施有哪些？

25 土壤的哪些参量对腐蚀有重要影响？如何影响？

26 土壤腐蚀中常见的腐蚀形式有几种？提出两种控制土壤腐蚀的措施？

27 将碳钢钢桩通过海水直插入到海泥中，根据钢桩与海水接触的情况，常将海洋环境分为几个区？各区段的腐蚀情况如何？

28 海水腐蚀的控制途径有哪些？海洋生物性因素对腐蚀有什么影响？为什么？

29 金属在盐酸、硫酸、硝酸中腐蚀随酸浓度的增大，腐蚀速度变化如何？各有何区别？为什么？

30 为什么金属在碱溶液中，一般要比在酸中的腐蚀性小？可在热浓的碱液中为什么腐蚀又会严重加剧？有时还可能发生"碱脆"？为什么？

31 水溶液中盐类对金属腐蚀影响比较复杂，影响盐类性质变化的哪些因素对腐蚀有影响？何种盐类对金属腐蚀最为严重？为什么？何种盐类对金属腐蚀最轻，甚至可作缓蚀剂？为什么？具有络合能力的盐类对金属腐蚀又有什么影响？

32 局部腐蚀的必要条件是什么？充分条件又是什么？自催化效应对局部腐蚀有什么作用？

33 腐蚀原电池与一般原电池相比有何特点？它对腐蚀有何作用？而局部腐蚀中的腐蚀电池又具有什么特点？它对局部腐蚀又有何作用？

34 如何判断电偶腐蚀的倾向？影响电偶腐蚀的主要因素是什么？如果在同一装置中必须要用异种材质时，应如何处置？

35 什么是黄铜，它会发生什么腐蚀？其影响因素是什么？如何防护？

36 孔蚀与缝隙腐蚀的起因和生长过程中，有什么不同？又有何相似之处？

37 应力腐蚀破裂与腐蚀疲劳的起因和生长过程中，有何不同？又有何相似之处？

38 哪些材料、哪些介质、哪些设备和构件容易发生磨损腐蚀？其腐蚀机制怎样？

39 磨损腐蚀的影响因素，除腐蚀的一般影响因素以外还有哪些与其直接相关的因素？

40 碳钢在 3% NaCl 溶液中，随流速增大时磨损腐蚀的规律如何？并提出控制磨损腐蚀最经济有效的方法。

41 磨损腐蚀的研究中，动态模拟装置和试验的意义何在？常见的两种类型的模拟装置各有什么特点？

42 腐蚀介质的流动，如何影响磨损腐蚀的规律和机制？

43 利用金属钝性在工程上实施阳极保护技术应对哪些主要参数进行具体分析？为什么？

44 为什么说阴极保护不宜对外形复杂的设备进行保护？如需实施该技术，应如何改进方案使保护效果显著提升？对阳极保护又怎样？

45 工程上实施阴极保护时，应注意哪些具体的问题？

46 阴极保护对大气中的设备以及导电性不连续的土壤中的设备能否进行保护？为什么？

47 实施阴极保护中，常用的牺牲阳极材料有哪些？常用的辅助阳极材料又有哪些？其性能如何？应怎样选择？

48 缓蚀剂的技术有什么优点？工业生产对缓蚀剂有哪些要求？为什么说缓蚀剂的使用有着严格的选择性？

49 缓蚀剂在石油化工生产中以及用酸进行化学清洗中的主要应用情况如何？

50 电极电位的测量有什么意义？在其测量中又应注意哪些问题？

51 举例说明对腐蚀环境的细节和可能的变化的忽视，为什么会对工业生产的正常运行带来很大的危害？

52 微生物如何影响腐蚀？其腐蚀的形貌特征及发生的范围？控制微生物腐蚀有何途径？

53 焊接是广泛使用的加工技术，但它可能会对其设备造成哪些潜在的腐蚀隐患？应如何应对？

54 为什么说采用对腐蚀控制有利的工艺设计同样是控制腐蚀的重要途径，并举例说明。

55 为什么说在防腐工作中，严格地科学管理至关重要？

题　　解

1　腐蚀的定义

"腐蚀"这个术语起源于拉丁文"corrdere"，即"损坏"、"腐烂"。当今，广义的腐蚀定义为"由于材料和它所处的环境发生反应而使材料和材料的性质发生恶化的现象"。其中所指的材料，既是金属材料，也是非金属材料，如塑料、混凝土等，但因金属及其合金至今仍然是工程中最主要的结构材料，所以金属的腐蚀还是最引人注意的问题。

金属的腐蚀是指金属在周围介质（最常见的是液体和气体）作用下，由于化学变化、电化学变化或物理溶解而产生的破坏。这个定义明确指出，金属腐蚀是包括金属材料和环境介质两者在内的一个具有反应作用的体系。

（1）金属发生腐蚀是一种自发倾向

从热力学观点来看，绝大多数金属在自然界中是以稳定的化合物状态即矿物（矿石）而存在的。为了获得纯金属，人们需要消耗大量的能量，从矿物中去提炼，这就是冶金过程。因此提炼出来的金属（处于不稳定状态）在自然界中与周围介质自发地发生作用再转化成化合物状态（稳定状态），即回复到它的自然存在状态（矿石）：

$$\underset{\text{（不稳定状态）}}{\text{金属}} \underset{\text{冶金过程}}{\overset{\text{腐蚀过程}}{\rightleftharpoons}} \underset{\text{（稳定状态）}}{\text{矿石（化合物状态）}}$$

可见，金属腐蚀是冶金过程的逆过程，是一种自发倾向。因此腐蚀问题遍及各个部门及行业，对国民经济发展、人类生活和社会环境产生了巨大的危害。

（2）腐蚀控制的意义

腐蚀造成的经济损失十分惊人，据调查统计全球每年因腐蚀造成的经济损失，占各国国民经济总产值的 $1\% \sim 5\%$，腐蚀损失要比自然灾害（包括地震、风灾、水灾、火灾等）损失的总和还要大。当今，随着我国经济腾飞，腐蚀问题已经成为影响国民经济和社会可持续发展的一个重要因素，做好防腐工作势在必行。

人们进行腐蚀控制，并不是去改变腐蚀的热力学规律，实质上是利用各种腐蚀控制手段把腐蚀的速度降低，控制在尽可能小的程度而已。

世界各国的腐蚀专家普通认为，如能应用近代腐蚀科学知识及防腐技术，腐蚀的经济损失可降低 25% ~ 30%。可见，腐蚀是可以通过人类的科学技术活动加以控制的，因此我们同样要像关注医学、环境保护和减灾一样来关注腐蚀问题，积极做好腐蚀控制工作，为经济腾飞、社会可持续发展保驾护航。

2 金属腐蚀速度常见的表示法

（1）金属腐蚀的质量指标 V

金属腐蚀的质量指标是把金属因腐蚀而发生的质量变化换成相当于单位金属表面于单位时间内的质量变化数值。通常采用质量损失法表示。

$$V = \frac{W_0 - W_t}{St}$$

式中　V——腐蚀速度，$g/m^2 \cdot h$；

　　　W_0——金属的初始质量，g；

　　　W_t——清除了金属表面腐蚀产物后的质量，g；

　　　S——金属的表面积，m^2；

　　　t——腐蚀进行的时间，h。

（2）金属腐蚀速度的深度指标 V_L

金属腐蚀的深度指标是把金属的厚度因腐蚀而减小的量，以线量单位表示，并换成为相当于单位时间的数值，可按下列公式将腐蚀的质量损失指标 V 换算为腐蚀的深度指标 V_L。

$$V_L = \frac{V \times 24 \times 365}{100\rho} \times 10 = \frac{V \times 8.76}{\rho}$$

式中　V_L——腐蚀深度指标，mm/a；

　　　ρ——金属的密度，g/cm^3。

此种指标在衡量密度不同的各种金属腐蚀程度时极为方便。

值得注意的是：腐蚀的质量指标和深度指标是指腐蚀分布在整个金属表面而获得的数据并计算而得，因此，对于均匀的电化学腐蚀都可采用，但不适用于局部腐蚀。

（3）金属腐蚀的电流指标 i_a

此指标是将金属电化学腐蚀过程的阳极电流密度（A/cm^2）的大小来衡量金属的电化学腐蚀速度的大小。可根据法拉第定律把电流指标 i_a 和质量指标 V 关联起来。它们之间关系如下：

$$V = \frac{mi_a}{nF} \times 10^4 = \frac{mi_a}{n \cdot 26.8} \times 10^4 \mathrm{g/m^2 \cdot h}$$

式中　m——相对原子质量；

　　　F——法拉第常数（$1F \approx 96500C = 26.8\mathrm{A \cdot h}$）；

　　　n——参加反应的电子数。

所以腐蚀的电流指标（i_a）即阳极电流密度

$$i_a = V \times \frac{n}{m} \times 26.8 \times 10^4 \mathrm{A/cm^2}$$

金属腐蚀的这一指标，同样只适用于均匀腐蚀而不适用于局部腐蚀。

（4）关于金属的局部腐蚀速度或耐蚀性的表示法比较复杂，各有其特殊的方法来评定，例如对于许多特殊的局部腐蚀形式（晶间腐蚀、选择性腐蚀、应力腐蚀破裂等）也有采用腐蚀前后的强度损失率来表示其腐蚀的程度。

$$V_M = \frac{M_0 - M}{M_0} \times 100\%$$

式中　V_M——力学强度损失率；

　　　M_0——腐蚀前材料力学性能；

　　　M——腐蚀后材料力学性能。

3　关于电极电位及其测量

（1）电极电位不能直接测得。电极电位是电极材料相与溶液相两相之间形成双电层的电位差。荷电的一侧为金属相，荷电的另一侧为溶液相。

若用一个电位计来测量电极电位时，电位计的两个输入端，一个输入端接在金属上，另一个输入端无法直接插入溶液相，因此一个电极系统只是一个半电池，要想直接测出电极的绝对电位是不可能的。

（2）电极电位测量的基本电路

要测电极电位必须借助另一个电极系统（往往称为参比电极）与之组成电池，通过测其电池的电动势，而得出被测电极系统的相对电极电位。

测量电路中除被测电极外还应有：

电位计：应采用高阻抗的电位计，使测量回路中电流非常小，不影响电极界面的电化学状态。

参比电极：是被测电极电位值的相对标准。它在一定条件下应有一个恒定电位值，所以最好是平衡电极体系的平衡电位。

盐桥：参比电极的溶液与被测体系溶液不同时，应使用盐桥。其作用：

一是消除液接电位或造成可知的液接电位，二是防止或减小溶液污染。盐桥中放入正负离子迁移速率大致相同的电解质溶液作为中间溶液，常用饱和 KCl 溶液。有时在盐桥溶液中加凝固剂如琼脂，使溶液呈半凝胶冻状态，或用带有磨口旋塞的盐桥（如图所示），这既能使溶液导电，又能降低溶液扩散渗泄的速度。

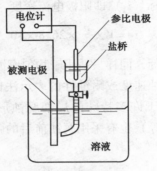

电极电位的测量

4 电极电位测量中最基本的必要条件之一是要有一个稳定可靠的参比电极

（1）参比电极选择的原则是：在一定条件下电位稳定，其值不随时间而变，温度系数小，尽量接近理想极化行为。耐腐蚀，不污染介质，结构坚固，制备简单，使用方便。

（2）常用的参比电极有：

①氢电极：把标准状态（25℃，H^+ 活度为 1 的溶液，通入 101.3kPa 压力的 H_2）的氢电极电位规定为零，作为标准氢电极电位（又称氢标），以 S.H.E 表示。以它作为其他电位的基准。

②甘汞电极：是最常用的一种，它结构简单，电位稳定，易于制作。

25℃时通常有三种甘汞电极，以 S.C.E 表示

0.1mol/L KCl 的甘汞电极的电位为 +0.3365V（S.H.E）

1mol/L KCl 的甘汞电极的电位为 +0.2828V（S.H.E）

饱和 KCl 的甘汞电极的电位为 +0.2428V（S.H.E）

③氯化银电极：它的电位稳定，重现性好，结构简单，25℃时，也有三种氯化银电极。

0.1mol/L KCl 的氯化银电极的电位为 +0.2895V（S.H.E）

1mol/L KCl 的氯化银电极的电位为 +0.236V（S.H.E）

饱和 KCl 的氯化银电极的电位为 +0.197V（S.H.E）

必须注意：氯化银电极应保存在深色瓶的蒸馏水中，含有 NH_4^+、CN^-、NO_3^-、Br^-、I^- 及强氧化剂的溶液中不能使用。

④饱和硫酸甘汞电极，25℃时的电位为 +0.685V （S.H.E）

⑤饱和硫酸铜电极，25℃时的电位为 +0.300V （S.H.E）

（3）工程上所用的参比电极对电位数值的误差比实验室中可适当大些，但要坚固、结实、不易撞坏。有用一般金属或合金（如铸铁、铅、碳钢、不锈钢等）作参比电极，不过要事先实验知道电位的误差大小。对水或土壤中的金属进行阴极保护时也常用铜/硫酸铜电极。在海水中可用银/氯化银电极，纯 Zn 作参比电极（因 Zn 的交换电流密度很高）。

5 电位 – pH 图

（1）电位 – pH 图是基于化学热力学原理建立起来的一种电化学平衡图，它是以相对于标准氢电极电位为纵坐标，以 pH 值为横坐标绘制而成。

（2）图中的曲线

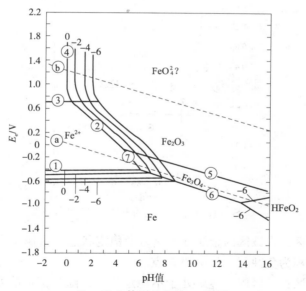

Fe – H_2O 体系的电位 – pH 图

①每组线均有 4 条。0、–2、–4、–6 即依次为 10^0、10^{-2}、10^{-4}、10^{-6} mol/L 4 个金属离子的活度。

②虚线ⓐ表示 H^+ 和 H_2 的平衡关系随 pH 值的变化；

虚线ⓑ表示 O_2 和 H_2O 的平衡关系随 pH 值的变化；

曲线①是在一定电位下与溶液的 pH 值无关的水平直线，表明只有一种固相参加的复相反应；

曲线②是既与电极电位有关，又与溶液的 pH 值有关的斜线，也表明有一种固相参与的复相反应；

曲线③亦为只与电极电位有关而与溶液 pH 值无关的一水平直线，此反应为均相反应；

曲线④反应为金属离子水解反应，无电子参加反应，故为与电位无关的一垂直线；

曲线⑤、⑥反应为有两种固相参加的复相反应，且过程与电位和 pH 值均有关，故为一条斜线。

（3）如果选定溶液中金属离子的活度 10^{-6} mol/L 为临界条件，就可把 E_e – pH 图中相应于该临界条件的溶液 – 固相的复相反应的平衡线作为"分界线"来看待，可把 E_e – pH 图大致分为三个区。

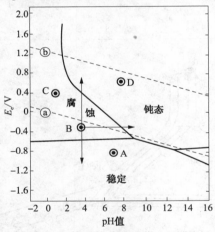

Fe – H_2O 体系简化的电位 – pH 图

①稳定区：在该区内金属处于热力学稳定状态，金属不会发生腐蚀，所以亦称为免蚀区，如图中 A 点。

②腐蚀区：该区内，金属处于不稳定状态，随时都可能发生腐蚀，如图中 B 点、C 点。

③钝化区：该区内，金属表面往往具有氧化性保护膜，如图中 D 点。不过在此区内金属是否遭受腐蚀，完全取决于这层氧化膜的保护性能。

6 电位 – pH 图的应用与局限性（见上图）

（1）可以估计腐蚀行为。对于某个体系，如知道了金属的电极电位及溶液的 pH 值，就可在图中找到一个相对应的"状态点"，根据该点落在的区域，可估计体系中的金属处于"稳定态"还是"腐蚀态"或是可能处于"钝化状态"。例如：

Fe 位于 A 点位置，该区是 Fe 和 H_2 的稳定区，所以 Fe 不会发生腐蚀；

Fe 位于 B 点位置，该区是 Fe^{2+} 和 H_2 的稳定区，Fe 将发生析氢腐蚀；

Fe 位于 C 点位置，该区是 Fe^{2+} 和 H_2O 的稳定区，由于此时 E_{Fe} 电位在ⓐ线（$E_{e,H}$）以上，不会发生析氢腐蚀，但在ⓑ线（$E_{e,O}$）以下，故会发生吸氧腐蚀。

（2）指导选择控制腐蚀的有效途径

如果我们想把铁从 B 点移出腐蚀区，从电位 – pH 图来看可以采取：

①把铁的电极电位降低至稳定态，这就要对铁实施阴极保护。

②把铁的电极电位升高使它进入钝化态，这就要对铁实施阳极保护或加阳极型缓蚀剂来实现。

③调整溶液的 pH 值至 9~13 之间也可使铁进入钝化区。

（3）理论电位 – pH 图的局限性

借助理论的电位 – pH 图，虽然可以较为方便地来研究许多金属的腐蚀及其控制问题，但必须注意它至少有下列几方面的局限性：

①该图为热力学的电化学平衡图，故它只能用来预示金属腐蚀倾向的大小，而无法预测金属的腐蚀速度。

②图中金属的钝化区说明有钝化膜的存在，但并不能预示其保护程度的大小。

③图中各条曲线都是以反应的平衡为条件的，而且图中只是考虑 OH^- 对平衡的影响，但实际的腐蚀情况不但是偏离这个平衡条件，而且腐蚀环境中却往往存在着 Cl^-、SO_4^{2-}、PO_4^{3-} 等阴离子，它们很可能使腐蚀问题更加复杂化。

④图中如涉及有 H^+ 或 OH^- 生成的平衡反应，通常是认为金属表面附近液层中的 pH 值是与主体溶液中的 pH 值相等，但实际的金属腐蚀表面局部区域的 pH 值可能不同，金属表面的 pH 值和主体溶液中的 pH 值往往会有很大的差别。

7 极化及其对腐蚀的影响

（1）电极的极化

当电极上通过电流时，电极电位发生移动的现象称为电极的极化。

如电流通过时，电极电位向正方向移动的现象称为阳极极化。

如电流通过时，电极电位向负方向移动的现象称为阴极极化。

当原电池中通过电流时，阳极的电位向正方向移动，阴极的电位向负方向移动，引起电池两极间电位差减小，导致电池工作电流强度大为降低的现象，称为原电池的极化作用。可见极化相当阻力，故极化有利于防腐。

（2）产生极化的实质

极化现象产生的实质在于电子迁移速度比电极反应及其相关的步骤完成的速度更快。

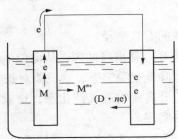

腐蚀电池的极化示意

进行阳极反应时，金属离子转入溶液的速度落后于电子从阳极流到外电路的速度，这就使阳极上积累起过剩的正电荷，导致阳极电位向正方向移动；在阴极反应中，接受电子的物质来不及与流入阴极的电子相结合，这就使电子在阴极上积累，导致阴极的电位方向向负方向移动。

（3）极化的分类与特点

根据控制步骤的不同可将极化分为：

①电化学极化：如果电极反应所需活化能较高，使电荷转移的电化学反应速度变得最慢，成了整个电极过程的控制步骤，由此导致的极化称为电化学极化。

②浓度极化：如果电子转移步骤很快，而反应物从溶液相中向电极表面运动或产物自电极表面向溶液相内部运动的液相传质步骤很慢，成了整个电极过程的控制步骤，则与此相对应的极化称为浓度极化。

此外还有一类所谓的电阻极化，是指电流通过电解质溶液和电极表面有某种类型的膜时产生的欧姆电位降。

按原电池的电极性质可将极化分为：

①阳极极化：阳极反应是金属失去电子而变成金属离子的电化学反应。如果由于反应的活化能高导致反应速度缓慢引起的极化称为阳极的电化学极化；如果是金属离子离开电极表面的速度缓慢而引起的极化称为阳极的浓度极化；如果在金属表面形成了保护膜使金属进入了钝

态，从而导致的极化称为阳极的电阻极化。这些因素都会使阳极的电位随电流的通过而向正方向移动。但要注意，这三种因素不会在一个阳极过程中同时出现。

②阴极极化：阴极反应是氧化剂得到电子进行还原的电化学反应。同样，如果是反应活化能高导致速度慢而引起的称为阴极的电化学极化；如果是氧化剂到达电极表面或还原产物离开电极表面的速度慢而引起的极化称为阴极的浓度极化。

（4）极化对腐蚀的影响

金属的腐蚀包括阳极反应和阴极反应。如果阳极极化大说明腐蚀的阳极反应阻力大、反应困难，此时的腐蚀较轻，如果消除或削弱阳极的极化作用（即去极化），则腐蚀加剧。对于阴极反应，如果极化增大，反应困难，它将影响阳极的进行，会使阳极反应变慢，因而也减小金属的腐蚀。总之，极化对金属防护有利，而去极化则会加速腐蚀。

8 金属的平衡体系与共轭体系

（1）平衡体系：金属浸入含有本身离子的溶液中所建立起来的电极系统。在金属/溶液界面上只有一个电极反应在进行，当体系达到平衡时，有一个恒定的平衡电极电位 E_e 值，此时，电化学反应的正逆过程反应速度相等，即 $i_阳 = i_阴 = i^\circ$，都等于 i° 交换电流密度，表明两相间的物质交换和电荷交换均达平衡。可见，平衡体系平衡时用平衡电位 E_e 和交换电流密度 i° 两参数来表征。

（2）共轭体系：金属浸入任何电解质溶液中所建立起来的电极系统。在金属/溶液界面上有二个或二个以上的电极反应在进行，当体系稳定时，一个电极过程的阳极反应与另一个电极过程的阴极反应以相等的速度在进行，此时，有一个稳定的电位称为稳定电位 E_c，两相间的电荷交换达到平衡，而物质的交换则不平衡。这种体系称为共轭体系。可见，共轭体系稳定时，可用稳定电位（即腐蚀电位）E_c 和阳极反应的电流密度（即腐蚀电流）i_c 参数来表示。

（3）金属的腐蚀体系属于共轭体系，处在这种体系的金属，当体系稳定时，虽然可测得一个稳定电位 E_c（腐蚀电位），但此时金属却以 i_c 速度在腐蚀着，材料的状态并不稳定。

9 钢片上滴上一盐水滴（其中含指示剂酚酞、铁氰化钾）后的腐蚀

（1）待腐蚀一定时间后，观察到盐水滴的周围变成粉红色，说明该区呈碱性；而盐滴中心区呈滕氏蓝色，表明该区有 Fe^{2+} 存在。

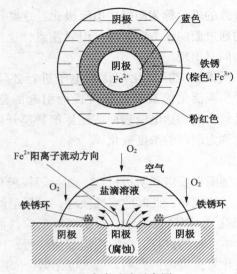

盐水滴试验示意图

这是由于开始时盐水滴含氧处处均匀，发生着均匀腐蚀，阴阳极不分区。但腐蚀一段时间后，盐水滴中心区液层厚，氧消耗后的补充要比盐水滴周边部分的困难，致使盐水滴中心区贫氧成为阳极而被腐蚀，即：

$$Fe \longrightarrow Fe^{2+} + 2e$$

二价铁离子遇铁氰化钾指示剂生成蓝色沉淀。

$$3Fe^{2+} + 2\left[Fe\left(CN\right)_6\right]^{3+} \longrightarrow Fe_3\left[Fe\left(CN\right)_6\right]_2 \downarrow$$

而盐水滴周边区由于氧被消耗后得到补充，较中心区的要容易得多，成富氧区，故成为阴极。其反应为

$$O_2 + 2H_2O + 4e \longrightarrow 4OH^-$$

溶液呈碱性，遇指示剂酚酞呈红色。

（2）钢片上的盐水滴试验揭示了充氧不均会引起腐蚀的局部加剧。金属与富氧区溶液（盐水滴周边）接触部分由于电位相对较高成为阴极，受到保护；金属与贫氧区的溶液（盐水滴中心区）接触部分由于电位相对较低成为阳极，会使腐蚀加剧。

10　金属发生电化学腐蚀的必要条件

（金属的平衡电位）$E^{\circ}_{e,M} < E^{\circ}_{e,D}$（去极化剂的平衡电位）

（1）在潮湿空气中，$E^{\circ}_{e,Cu} > H^{\circ}_{e,H}$，说明铜不会发生 H^+ 去极化腐蚀，但有氧的存在，因为 $E^{\circ}_{e,Cu} < E^{\circ}_{e,O}$，铜能发生氧去极化腐蚀。所以在潮湿空气中铜会生锈。

（2）$E^{\circ}_{e,Ti} < E^{\circ}_{e,H}$，说明钛能发生 H^+ 去极化腐蚀，但由于钛很容易发生氧化，其表面的氧化物膜耐腐蚀（动力学受阻），所以工程中应用时，钛却是一种良好的耐蚀材料。

11 **根据已知数据，$E^{\circ}_{e,Fe} = -0.44V$，$E^{\circ}_{e,Cu} = +0.337V$**

（1）在无氧的酸中

　　　对于 Fe：pH = 0 时，$E^{\circ}_{e,Fe} < E^{\circ}_{e,H} = 0V$，能发生 H^+ 去极化腐蚀

　　　　　　　pH = 7 时，$E^{\circ}_{e,Fe} \approx E_{e,H} = -0.414V$，很难发生 H^+ 去极化腐蚀

　　　对于 Cu：pH = 0 时，$E^{\circ}_{e,Cu} > E_{e,H} = 0V$，不能发生 H^+ 去极化腐蚀

　　　　　　　pH = 7 时，$E^{\circ}_{e,Cu} > E_{e,H} = -0.414V$，不能发生 H^+ 去极化腐蚀

（2）在含氧的酸中，Fe 在其中仍能发生 H^+ 去极化腐蚀

　　　对 Fe：pH = 0 时，$E^{\circ}_{e,Fe} < E^{\circ}_{e,O} = 1.229V$，能发生 O_2 去极化腐蚀

　　　　　　　pH = 7 时，$E^{\circ}_{e,Fe} < E_{e,O} = 0.815V$，能发生 O_2 去极化腐蚀

　　　对 Cu：pH = 0 时，$E^{\circ}_{e,Cu} < E^{\circ}_{e,O} = 1.229V$，能发生 O_2 去极化腐蚀

　　　　　　　pH = 7 时，$E^{\circ}_{e,Cu} < E^{\circ}_{e,O} = 0.815V$，能发生 O_2 去极化腐蚀

（3）在含 Fe^{3+} 溶液中

　　　对 Fe：pH = 0 时，$E^{\circ}_{e,Fe} < E_{e,Fe^{3+}} = 0.771V$，能发生 Fe^{3+} 还原阴极反应的腐蚀

　　　　　　　pH = 7 时，$E^{\circ}_{e,Fe} < E_{e,Fe^{3+}} = -0.146V$，能发生 Fe^{3+} 还原阴极反应的腐蚀

　　　对 Cu：pH = 0 时，$E^{\circ}_{e,Cu} < E_{e,Fe^{3+}} = 0.771V$，能发生 Fe^{3+} 还原阴极反应的腐蚀

　　　　　　　pH = 7 时，$E^{\circ}_{e,Cu} > E_{e,Fe^{3+}} = 0.146V$，不能发生腐蚀

12 **金属与氧或氢组成的腐蚀电池**

金属与氧组成的腐蚀电池其推动力（$E_{e,O} - E_{e,M}$）比金属与氢组成的推动力（$E_{e,H} - E_{e,M}$）要大，即：

$$E_{e,O} - E_{e,M} > E_{e,H} - E_{e,M}$$

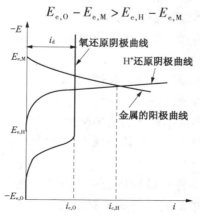

但由于氧分子在溶液中溶解度小，最大也只有 10^{-4} mol/L，阴极还原反应中浓度极化突出，其速度受极限扩散速度 i_d 限制。而 H^+ 在水溶液中的浓度比 O_2 的大得多，故浓度极化可忽略。因此尽管金属与氢组成电池的推动力要小，可腐蚀反应中的极化要小些，故通常氢去极化腐蚀的速度 $i_{c,H}$ 反而要比氧去极化的腐蚀速度 $i_{c,O} = i_d$ 要大。

13　氢去极化腐蚀

（1）一般说来，负电性金属在氧化性较弱的酸和非氧化性酸中以及电极电位很负的金属（如镁）在中性或碱性溶液中的腐蚀都属于氢去极化腐蚀。

（2）氢去极化腐蚀的特点和影响因素

①阴极反应的浓度极化较小，当溶液中氢离子浓度大于 10^{-3} mol/L，则氢离子还原反应的浓度极化可以忽略。这是由于 H^+ 本身的浓度大又带电，离子半径小，在溶液中的扩散能力和迁移速度都较大，反应产物有 H_2 的析出，使金属表面附近溶液受到充分搅拌作用。因此流速和搅拌对氢去极化腐蚀的影响并不大，往往可以忽略。

②与溶液的 pH 值关系很大。由于 pH 值减小，氢离子浓度大，氢的电位变正，在氢过电位不变的条件下，驱动力增加了，故腐蚀速度增大。另外 pH 值对氢过电位的影响较复杂，对于不同的电极材料、不同溶液组成，影响也不同。通常，在酸性溶液中，pH 值每增加 1 单位，氢过电位增加 59mV；而在碱性溶液中，pH 值每增加 1 单位，氢过电位减小 59mV。

③与金属材料的种类与表面状态有关。这是因为主要决定氢析出反应有效电位的过电位受金属种类及金属中阴极相杂质的性质影响。所以氢过电位低的阴极相杂质对腐蚀起促进作用，而氢过电位高的阴极相杂质将会使基体金属腐蚀速度减小。

④与阴极面积有关。阴极区面积增加，氢过电位减小，阴极析氢反应加快，导致腐蚀速度增大。

⑤与温度有关。温度升高，氢过电位减小，阳极反应和阴极反应都会加快，可使腐蚀速度加剧。

可见，影响金属活性区的均匀腐蚀的因素诸多，但其中最关键的，在很大程度上是取决于在该金属上析氢反应的过电位。

14　氧去极化腐蚀

（1）大多数金属在中性和碱性溶液中，以及少数正电性金属在含有溶解氧的弱酸性溶液中的腐蚀都属于氧去极化腐蚀。由于溶液中氧的还原反应电位要比氢的正 1.229V，所以氧去极化腐蚀要比氢去极化腐蚀更加普遍。

（2）氧去极化腐蚀的特点和影响因素

①与氧的溶解浓度有关。在不发生钝化的情况下，溶解氧的浓度增大，氧离子化反应速度加快，氧的极限扩散电流密度也将增大，氧去极化腐蚀速度也随之增大。如在盐水中，当 NaCl 含量达 3% 左右时，铁的腐蚀速度也达到最大。然而随着盐浓度进一步增大，因氧的溶解度显著降低，铁的腐蚀速度反而在浓盐溶液中下降。

②浓度极化很突出，常常占主导地位。这是因为 O_2 的溶解度本来就很小（通常最高浓度约为 $10^{-4}mol/L$），氧分子也不带电，氧分子输送到金属表面只能靠对流和扩散，反应产物也不产生气体析出，不存在任何附加搅拌，反应产物也只能靠对流和扩散离开金属表面，所以氧的阴极还原反应往往受扩散控制。

③与金属中阴极性杂质或微阴极的数量或面积的增加关系不大。这是由于在扩散控制的条件下，即使阴极的总面积不大，但实际上可用来输送氧的溶液体积通道已被占用完，所以即使再增加阴极，对腐蚀速度的影响也不大。

④溶液流速的影响。氧浓度一定时，极限扩散电流密度与扩散层厚度 δ 成反比。因此，液体流速越大，扩散层厚度 δ 越小，氧的极限扩散电流密度越大，腐蚀速度也就越大。

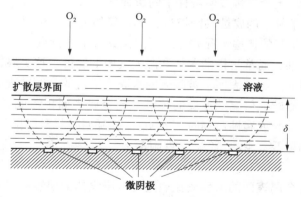

氧向微阴极扩散途径的示意图

在层流区，流速较低，腐蚀速度随溶液流速增加而缓慢上升，当流速增加到临界流速时，电化学因素与流体动力学因素交互作用协同加速，使腐蚀速度急剧上升，此时溶液基本上处于湍流状态，搅动激烈。若流速继续再增大，协同效应强化，不但均匀腐蚀严重，而局部腐蚀随之严重。如果流速更高时，腐蚀破坏更大，机制更为复杂。

对于有钝化倾向的金属或合金，流速的影响也更为复杂。要具体情况进行具体分析，切不可一概而论。

⑤温度的影响。溶液温度升高，氧的扩散速度和电极反应速度加快，腐蚀加剧。但随着温度的升高，氧的溶解度却下降。因此，在敞口系统中，铁在水中的腐蚀速度在80℃达到最大；而在封闭系统中却不同，腐蚀速度将一直随温度的升高而增大。

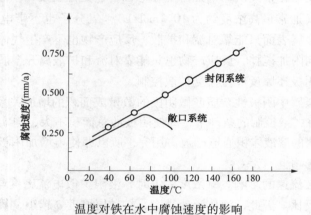

温度对铁在水中腐蚀速度的影响

15 大气、海水、土壤三种自然条件下的腐蚀

通常这三种条件下的腐蚀其阴极过程都是氧的去极化作用，但在不同的介质情况下，由于氧的传递情况和速度不同又具有不同特点：

（1）大气腐蚀：通常是指潮大气和湿大气中的腐蚀。这类腐蚀的发生是空气中的氧通过金属表面上被凝聚的水膜下进行的，腐蚀表面水膜的形成及厚度是影响大气腐蚀速度的关键。当金属表面粗糙或者表面上有灰尘、炭粒、盐粒或腐蚀产物时，即使空气中的相对温度低于100%，由于发生毛细凝聚、化学凝聚及吸附凝聚，也会在腐蚀的金属表面上形成水膜。

氧通过金属表面的水膜要比通过完全浸没的液层容易得多，所以大气腐蚀是属于氧去极化腐蚀。尽管水膜总是含有盐或酸，尤其在工业大气中，水膜常常是呈酸性，这时可能产生氢去极化腐蚀。但由于氧极易到达阴极，所以氧的去极化作用仍然是主要的。

（2）海水腐蚀：这类腐蚀的发生，氧是通过电解质本体，腐蚀速度大小决定于海水的运动或搅动的程度。由于海水中含有大量 Cl^- 且导电良好，阴极极化很小，电阻极化也极小，因此充气不均形成宏电池而使与贫氧区接触的金属部分腐蚀加剧的可能性不大。由于 Cl^- 的存在，如果在海水中增加充气，对腐蚀的阳极过程影响也很小，而相反却强烈地减少阴极的极化程度，使腐蚀加剧。

可见，海水中的腐蚀，主要不决定于充气不均匀所形成的宏观电池的作用，而是决定于充气良好的微观腐蚀电池工作的加剧。

（3）土壤腐蚀：这类腐蚀的发生，氧是通过土壤层这种特殊的电解质。由于土壤是含固体颗粒，具有毛细管多孔性的胶质体系，土壤的空隙为空气和水汽所充满，并有盐类溶解在其中，成为一种特殊固体电解质，氧通过土壤层到达金属的表面只能靠气相和土壤中液相的运动所产生的有限运动。当土壤层的厚度相等时，主要决定于土壤的结构和湿度。因此，在干燥疏松的土壤中氧渗透和流动就比较容易，金属的腐蚀就严重。在潮湿的黏土中，氧的渗入和流动都较少，腐蚀也就轻。可见，腐蚀过程主要受阴极氧去极化过程控制。但与海水腐蚀不同，对于安放在土壤中的大型设备、储罐及长输管线等，由于充气不均匀，形成宏电池的工作，致使局部区域腐蚀加剧的情况是常见的腐蚀形式。

16　三种不同的锌合金的腐蚀

（1）在 0.5mol/L 的硫酸溶液中，金属发生着氢去极化的腐蚀。

①含 Hg 的 Zn，由于在阴极 Hg 上析氢过电位很高，反应速度小，所以含少量 Hg 的 Zn 腐蚀小。

②含 Pt 的 Zn，由于在 Pt 上析氢的过电位很小，析氢反应速度很大，所以含少量 Pt 的 Zn 腐蚀速度最大。

③含 Cu 或 Fe 的 Zn，由于在 Cu 或 Fe 上的析氢过电位比 Hg 的要小，又比 Pt 上的要大，含少量 Cu 或 Fe 的析氢反应速度比 Hg 上的大，比 Pt 上的小，所以腐蚀速度比含 Hg 的 Zn 要大，又比含 Pt 的 Zn 要小。

可见，不同金属上析氢的过电位值相差较大，所以使含不同金属的 Zn 在 $0.5mol/L\ H_2SO_4$ 溶液中的腐蚀速度差别较大。

（2）在 0.5mol/L 盐水中，腐蚀是氧去极化腐蚀，主要是受 O_2 的扩散控制的影响。

在这类腐蚀中其速度的大小主要是看用来输送氧的溶液体积通道是否基本上已被占用完。如果 O_2 的输送通道已被占用完，即使继续增加微阴极以及微阴极的种类不同都不会引起 O_2 的扩散过程显著增强，因此，也就不会显著影响腐蚀速度，所以三种不同的锌合金在 0.5mol/L 盐水中的腐蚀速度也就差别不大。

17 碳钢在水中腐蚀

碳钢在水中的腐蚀属于氧去极化腐蚀，在不同的水中因条件不同，腐蚀情况不同。

（1）海水中含盐量为 3.5%，是一种导电性很强的电介质溶液。随着盐含量增大，介质导电度上升，使腐蚀加剧，但随着盐含量的再升高，氧在其中的溶解度则下降，又使腐蚀减轻。两个相反的因素恰恰在盐含量为 3.5%（海水）左右时达到一个极值，即此时的腐蚀速度最大。所以尽管饱和盐水中含盐量要比海水中高得多，但其腐蚀速度要比海水中的小得多。

（2）静态海水中，由于氧的溶解量小，所以与动态的相比腐蚀较小。而在流动条件下，由于海水的流动，使氧输送到金属表面速度加快，又因大量 Cl^- 存在，金属不可能钝化，所以在流动的海水中，碳钢腐蚀要比静态的大得多。

（3）静态淡水中，由于氧的溶解量小，虽然没有破坏钝化的 Cl^- 存在，但传输到金属表面的氧不足以使碳钢钝化，所以发生着氧去极化腐蚀。当流速增大到一定程度时，由于传输到金属表面氧量足以使碳钢发生钝化，所以腐蚀显著降低。例如输送自来水的钢泵，腐蚀并不严重，所以流动状态淡水中的腐蚀往往比静态中的腐蚀要小。

由上可见，氧对于腐蚀有双重作用，当体系中材料不可能发生钝化的情况下氧起去极化剂作用，使材料腐蚀；而当体系中材料有可能发生钝化的情况下，氧量传输到材料表面足够时，会使金属钝化，此时的氧作为助钝化剂，使材料腐蚀显著减轻。因此，对氧的作用，要具体问题具体分析。

18 理想极化曲线与实测极化曲线的关系

该图表示在忽略浓度极化的条件下两种极化曲线的关系。其中：

$E_{e,1}AB$ 与 $E_{e,2}CD$ 分别表示理想阳极与阴极极化曲线；I_1 与 I_2 分别表示理想阳极与阴极的外电流；

E_cAB 与 E_cCD 分别表示实测阳极与阴极极化曲线；I_A 与 I_k 分别表示实测阳极与阴极的外加极化电流；

$E_{e,1}$ 为金属电极反应的平衡电位；$E_{e,2}$ 为溶液中去极化剂反应的平衡电位；E_c 为该腐蚀体系的混合电位或腐蚀电位；I_c 为腐蚀电流。

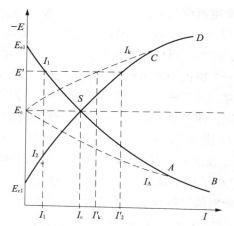

实测极化曲线与理想极化曲线关系的示意

（1）当腐蚀的金属电极没有通入外加极化电流时，金属在腐蚀介质中处于自腐蚀状态，金属表面上同时进行着两个相互共轭的电极反应。

$$M \longrightarrow M^{n+} + ne \text{（氧化反应速度为 } I_1）$$

$$O + ne \longrightarrow [O \cdot ne] \text{（去极化剂还原反应速度为 } I_2）$$

当体系稳定时：

$$E = E_c \text{ 为腐蚀电位}$$

$$I_1 = I_2 = I_c \text{ 为自腐蚀电流}$$

此时，两个反应间电荷平衡，而每个反应的物质不平衡，作为阳极的金属进行腐蚀。

理想阴、阳极化曲线的起点是上述二个共轭电极反应的平衡电极电位，其交点 S 所对应的电位就是腐蚀电位 E_c，也是实测极化曲线的起点；S 点所对应的电流 I_c 就是金属在没有通入外加极化电流（$I_A = 0$，$I_k = 0$）时的自腐蚀电流。

（2）对电极施加外电流极化时，腐蚀体系偏离稳定状态，上述的电荷平衡被打破，阳极电流 I_1 和阴极电流 I_2 之间产生差值，这个差值恰恰是由通入的外加电流来补偿。

①外加阴极电流 I'_k 使体系从腐蚀电位 E_c 负移，被极化到 E'，此时：

$$金属自腐蚀速度从 I_c 降低到 I'_1$$

$$去极化剂 D 的还原速度由 I_2 升高到 I'_2$$

因此，外加阴极极化电流为 $I'_k = I'_2 - I'_1$，即为理想极化曲线的阴极电流 I'_2 减去阳极曲线上的阳极电流 I'_1。

当外加阴极电流继续增大，直至电位负移达到金属电极反应的平衡电位 $E_{e,1}$ 时，$I_1 = 0$，$I_k = I_2$。在这种情况下，金属的自溶解腐蚀完全停止。此时，理想阴极极化曲线与实测阴极极化曲线开始完全重合。

可见，对一个腐蚀的金属施加阴极电流使之电位负移达到一定的阴极极化程度时，可以使金属腐蚀显著降低或完全停止的现象，称之为阴极保护效应。这就是外加电流阴极保护技术的理论依据。

②外加电流 I_A 使体系阳极极化，电位 E_c 向正方向移动，此时，去极化剂 D 的还原速度 I_2 从 I_c 降低了（即自腐蚀降低），金属腐蚀溶解速度 I_1 从 I_c 升高了（即 $I_1 > I_2$）。因此，外加阳极电流 $I_A = I_1 - I_2$。

当外加阳极电流继续增大，直至电位达到去极化剂 D 还原反应的平衡电位 $E_{e,2}$ 时，$I_2 = 0$，$I_A = I_1$。在这种情况下，介质中去极化剂 D 的还原反应停止（即金属自腐蚀电流为 0），外加阳极电流全部用于使金属以很大的速度溶解着。此时，理想阳极极化曲线与实测阳极极化曲线开始完全重合。

可见，当体系的电位阴极极化达到 $E_{e,1}$（$I_k = I_2$）或阳极极化达到 $E_{e,2}$（$I_A = I_1$）时，实测极化曲线与理想的开始重合，若再进一步增大外加极化电流时，理想的和实测的两种极化曲线完全重合，并保持着 $I_k = I_2$，或 $I_A = I_1$ 的关系。

(3) 尽管对于解释腐蚀现象、对腐蚀过程的机理和控制因素进行理论分析时，用理想的极化曲线来分析极为方便，可是理论曲线不能直接测得，实际研究中大量应用的是实测的极化曲线，因此知道这二者的关系就能比较方便地对腐蚀问题进行分析研究。

19 腐蚀极化图的应用

(1) 判定腐蚀过程的主要控制因素

例如：阴极为氧去极化时总的阴极极化曲线与金属的各种阳极极化曲线组成的腐蚀极化图如下所示：

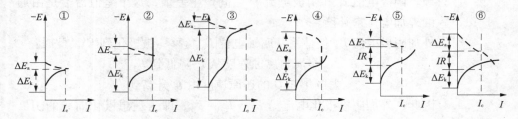

不同控制情况的腐蚀极化图

①氧离子化过电位起主要作用的阴极控制

两极化曲线交于氧离子化极化曲线部分，$|\Delta E_k| > \Delta E_a$，此时腐蚀过程

的阻滞主要是：氧离子化反应需要较高的过电位，腐蚀电流 $I_c < \dfrac{1}{2}I_d$。

铜在中性溶液里的腐蚀就属此种情况。

②氧的扩散成为主要阻滞的阴极控制

阳极极化曲线与阴极极化曲线氧的扩散区相交，且 $|\Delta E_k| > \Delta E_a$，腐

蚀电流接近或等于该体系中氧的极限扩散电流。碳钢、工业铁或工业

锌等在静止的中性溶液里的腐蚀属此类。

③氧去极化占优势时的阴极控制

阳极极化曲线交于阴极极化曲线，氢和氧共同去极化区，且 $|\Delta E_k| \gg$

ΔE_a，腐蚀电流大于该体系中氧的极限扩散电流的两倍。镁和镁合金在

氧化物溶液中的腐蚀以及铁、锌或其他金属在非氧化性酸溶液中的腐

蚀有此种特征。

④阳极和阴极混合控制

通常阳极有钝化现象，$|\Delta E_k|$ 与 ΔE_a 的值差不多。铝、铁、碳钢和不

锈钢在钝态下腐蚀时属此类。

⑤阴极和欧姆电阻混合控制

外电路和内电路的欧姆电阻很大，$|\Delta E_k|$ 与 IR 的值差不多大小。当溶

液的电导率小，腐蚀电池的阴、阳极尺寸很大时的腐蚀具有这种特征。

土壤中的管线因不均匀充气形成的宏电池而引起的腐蚀属此类。

⑥阴极、阳极、欧姆电阻混合控制

$|\Delta E_k|$、ΔE_a、IR 三者的大小差不多，当氧的到达不受限制，金属倾

向于钝化，并且溶液的电阻又很大时的腐蚀。在通常的空气湿度时，

在很薄的潮气液膜的大气腐蚀具有此类特征。

可见，在大多数情况下，电化学腐蚀都与阴极过程的特征有关。尤其是

氧去极化的阴极阻滞对腐蚀过程有显著的影响。

（2）解释腐蚀现象。

①氧和 Cl^- 对铝和不锈钢在稀硫酸中腐蚀的影响

铝和不锈钢类似，在稀硫酸中的腐蚀属于阳极极化控制的腐蚀过程。

在充气的稀硫酸中，铝能产生钝化现象，使阳极的极化率显著增大，

远大于阴极的极化率，使腐蚀速度大为降低，腐蚀电流为 $I_{c,1}$。当溶液

中去气后，铝的钝化程度显著变差，阳极极化率也变小，腐蚀也随之

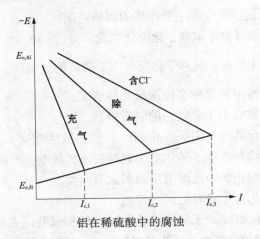

铝在稀硫酸中的腐蚀

增大，腐蚀电流为 $I_{c,2}$。当溶液中含活性 Cl^- 时，由于它能破坏钝态，使阳极极化率变得更小，腐蚀也显著加剧，腐蚀电流为 $I_{c,3}$，即

$$I_{c,1} < I_{c,2} < I_{c,3}$$

②硫化物对铁和钢在酸溶液中腐蚀的影响

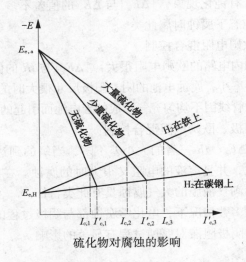

硫化物对腐蚀的影响

硫化氢的存在会促进铁和碳钢的阳极反应，从而加速铁和碳钢在酸溶液中的腐蚀，即

对铁：$\qquad\qquad I_{c,1} < I_{c,2} < I_{c,3}$

对碳钢：$\qquad\qquad I_{c,1}' < I_{c,2}' < I_{c,3}'$

通常硫化氢的来源，可以是来自于金属相中的硫化物（硫化铝或硫

化铁等），也可以是溶液中所含有的。另外，需注意的是硫化氢的存在，还往往引起"氢脆"现象。

③氰化物对铜腐蚀的影响

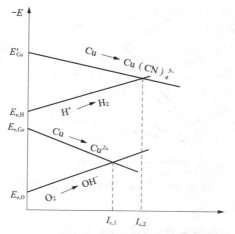

氢氧化对铜腐蚀的影响

铜在无氧的非氧化性酸中不腐蚀，因为 $E_{e,H} < E_{e,Cu}$，此时只能发生氧去极化腐蚀（$E_{e,O} > E_{e,Cu}$），腐蚀电流为 $I_{c,1}$。然而铜在无氧的碱性氰化物溶液中，由于能形成铜氰络离子 $Cu(CN)_4^{3-}$，使铜溶解的电位更低，为 E'_{Cu}，比氢析出的还原反应的 $E_{e,H}$ 还低，即 $E'_{Cu} < E_{e,H}$，所以铜能发生氢去极化腐蚀。生成的一价铜与 CN^- 生成络合离子。

同样，由于能形成 $Cu(NH_3)_4^+$ 络离子，可使铜在氨水中也能发生氢去极化腐蚀。

（3）热力学因素和动力学因素综合影响

一般来说，主要是热力学因素的分析，认为起始电位差越大，腐蚀倾向大，腐蚀电流也就越大，腐蚀越严重。但实际并非如此，还必须与动力学因素（腐蚀反应的极化率）结合起来分析。

腐蚀体系中起始电位差相同（$E_{e,k} - E_{e,a}$）时，由于各自的阴、阳极极化率不同，却可获得相同的腐蚀电流 i_c（如交点 A 和 B 体系）；

起始电位差（$E'_{e,k} - E'_{e,a}$）相同，也能获得不同的腐蚀电流分别为 i_c、i_c'（如交点 C 和 D 体系）；

起始电位差不同，为（$E_{e,k} - E_{e,a}$）和（$E'_{e,k} - E'_{e,a}$），能得相同的腐蚀电流 i_c（交点 A 和 C 体系）。

可见，对于具体的腐蚀体系，应当重视热力学因素，但更要重视动力学因素，二者结合起来综合分析，才能得到有价值的结论。

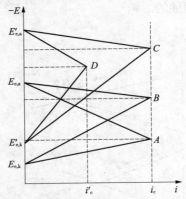

腐蚀倾向与极化率对腐蚀的综合影响

20　金属的钝化

（1）金属从活态变成钝态其实质性的变化有：

①金属的电位大大地移向正值方向。

②金属表面发生了突变——有吸附的或成相的膜。

③金属的腐蚀速度大大降低。

（2）有钝化现象的金属，其阳极极化曲线有如图所示的特点。

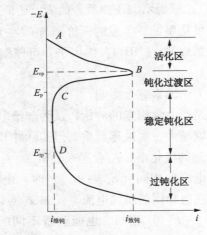

整条曲线分为四个区：

①$A \sim B$ 区：金属处于活性溶解状态并以低价离子溶解：

$$M \longrightarrow M^{2+} + ne$$

对铁即为：

$$Fe \longrightarrow Fe^{2+} + 2e$$

电流随电位的升高而增大，基本上服从塔菲尔规律。

②$B \sim C$ 区：当电位达到某一临界值 E_{cp} 时，金属开始钝化，其表面状态发生突变，阳极过程沿着 BC 向 CD 过渡，电流急剧下降，金属表面可能生成过渡氧化物

$$3M + 4H_2O \longrightarrow M_3O_4 + 8H^+ + 8e$$

对铁即为：

$$3Fe + 4H_2O \longrightarrow Fe_3O_4 + 8H^+ + 8e$$

对应 B 点的电位 E_{cp} 为致钝电位，对应的电流 $i_{致钝}$ 为致钝电流密度。这标志着金属钝化开始的主要参数。

③$C \sim D$ 区：金属处于稳定的钝态，此时金属以 $i_{致钝}$ 的速度溶解着；而基本上与电位的变化无关，不再服从塔菲尔规律。这些金属表面生成了耐蚀性好的高价氧化膜

$$2M + 3H_2O \longrightarrow M_2O_3 + 6H^+ + 6e$$

对于铁为：

$$2Fe + 3H_2O \longrightarrow \gamma - Fe_2O_3 + 6H^+ + 6e$$

显然，金属氧化物的化学溶解速度决定了金属的溶解速度，金属按上式反应修补膜以补充膜的溶解。$i_{维钝}$ 是维持稳定钝态化必需的电流密度。

④$D \sim E$ 区：电流再次随电位的升高而增加，金属进入过钝化区。这可能是由于氧化膜进一步氧化生成更高价可溶性氧化物

$$M_2O_3 + 4H_2O \longrightarrow M_2O_7^{2-} + 8H^+ + 6e$$

对铁，可生成含六价铁的化合物，对于含铬合金可形成含六价铬的离子使钝化膜破坏，导致金属溶解速度上升。但也包含某种新的阳极过程发生，如氧的析出，同样也会使阳极电流上升。

21 钝态的破坏

（1）Cl^- 为活性卤素阴离子，它对金属钝态的破坏和建立均起着显著的作用。对于 Cl^- 对钝态的破坏也有两种理论来解释。

①成膜论者认为，由于 Cl^- 半径小，穿透力强，它最容易透过膜内极小的孔隙与基体金属（如 Fe）发生作用形成可溶性氯化物

即

$$Fe^{3+}（钝化膜中） + 3Cl^- \longrightarrow FeCl_3$$

$$FeCl_3 \longrightarrow Fe^{3+}（电解质中） + 3Cl^-$$

从而使钝态破坏产生孔蚀。

②吸附论者认为，由于 Cl^- 具有很强的、可被金属吸附的能力，且溶液中 Cl^- 与氧或 OH^- 在金属表面上发生竞争吸附，尤其在那些钝化膜薄弱处，Cl^- 可排代原来被吸附的氧，导致原来耐蚀好的钝化膜（金属－氧－羟水合络合物）转变为可溶性的络合物（金属－氧－羟－氯络合物），最终使钝化膜破坏，造成严重的局部腐蚀。

（2）金属钝态破坏与否的稳定性

金属处于钝态的条件下，溶解速度虽然很低，腐蚀很小，但并不是百分之百地停止腐蚀。因为这种状态下，由于表面存在着吸附的或成相的膜，只是动力学上受阻，导致腐蚀速度显著降低而已。但从热力学角度上看，钝态的金属仍具有很高的热力学不稳定性，一旦钝化膜破坏，它将以很高速度溶解着，腐蚀被大大加剧。

22 不锈钢设备的水压试验

设备加工好后，在安装、运行前一定要进行检漏，就是说要进行水压试验。对于不锈钢设备，因表面存在氧化膜而耐蚀，可氧化膜在一定条件下可被 Cl^- 破坏而加剧腐蚀。因此进行水压试验时，尤其是大型、结构较复杂的不锈钢塔器、容器，水压试验所用的水，其中 Cl^- 含量应有严格的限制。如某厂不锈钢塔器用一般的自来水（其中含 Cl^- 约有 $20 \sim 30mg/L$）进行试验后，没有及时安装及运行，在室外放置了几个月，再安装时，由于设备内的缝隙中残留的水蒸发，使其中的 Cl^- 浓缩，而导致应力腐蚀开裂使设备损坏。如果很快进行安装并运行，也许可避免这样的损失。

因此，对不锈钢设备进行水压试验时，为确保设备的安全，必须严格限制水中 Cl^- 的浓度小于 $1mg/L$。

23 不锈钢的耐蚀性及保护

（1）不锈钢之所以耐蚀是由于表面形成的一层致密的氧化物钝化膜，保持这层膜的平滑洁净对于维护不锈钢的耐蚀性尤为重要。如用普通钢丝刷去刷不锈钢设备表面，这不仅破坏了不锈钢表面的平滑性，破坏了氧化膜，而且划痕中沾上的 Fe，成为腐蚀的活性点，导致腐蚀的加剧。同样对不锈钢设备和构件也禁止使用碳钢夹具。

（2）18－8 普通不锈钢在海水中的平均腐蚀率虽然很小，但由于海水不仅导电性能好，而且含有大量的活性离子 Cl^-，它能破坏不锈钢表面的钝化膜，引发严重的局部腐蚀，如孔蚀等，所以不锈钢在淡水（不含 Cl^-）

中，较耐蚀，而在海水中会发生严重的局部腐蚀，不被使用。

此外也特别要注意：不能用评定金属均匀腐蚀的平均腐蚀率来评定局部腐蚀的耐蚀程度。

（3）海水中的不锈钢设备会发生严重的局部腐蚀，仍然可用阴极保护技术来防护，但经济上不合算，因为用原来价值昂贵的不锈钢已无意义。此时的不锈钢设备是阴极，不锈钢表面的钝化膜将被还原，若用阴极保护技术对海水中的设备来防护时，就不应采用不锈钢，而应换成碳钢来制造，这就大大节约了投资费用。

24 工业大气的腐蚀

（1）对大多数工业结构用钢和合金来说，腐蚀程度最大的是潮湿的、受污染严重的工业大气，通常的污染物有二氧化硫、硫化氢、氯离子等。

非常纯净的空气，腐蚀很小，且随湿度增加轻微增加（图中曲线 A）；在污染的大气中，相对湿度小于 70% 时，即使长期暴露腐蚀也不大；若有 SO_2 存在，即使没有颗粒，只要相对湿度高于 20% 时，腐蚀率就大大增加（曲线 C）；如再有硫酸铵和煤烟粒子存在时，腐蚀就更为剧烈（曲线 D、E）。

可见，在污染的大气中，低于临界湿度时，金属表面没有水膜，化学作用引起的腐蚀，其速度很小；当高于临界湿度时，金属表面上水膜的形成，产生了严重的电化学腐蚀，使腐蚀速度突然增大。

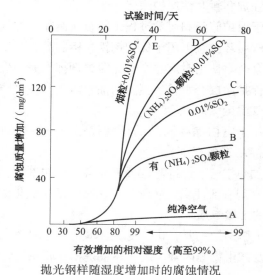

抛光钢样随湿度增加时的腐蚀情况

（2）工业废气中排出的 SO_2 促进腐蚀的原因

①一部分 SO_2 在高空中直接被氧化成 SO_3，溶于水后成 H_2SO_4。

②一部分 SO_2 被吸附在金属表面，与铁作用生成易溶的 $FeSO_4$，硫酸亚铁进一步氧化并发生强烈的水解作用而生成 H_2SO_4，硫酸又增加了与铁的作用生成硫酸亚铁……如此循环，使过程产生了自催化效应，大大促进 SO_2 对金属的腐蚀。

（3）控制大气腐蚀的措施

①合理选用金属材料：碳钢和低合金钢是在大气环境中应用最广的金属材料，为提高耐蚀性，通过合金化在碳钢中加入某些合金成分改变锈层结构，改善耐大气腐蚀性能。例如加入 Cu、P 等元素的耐候钢，腐蚀性能提高非常明显，另外，铝、铜及其合金通常也具有较好的耐大气腐蚀的性能。

②采用有机、无机涂层和金属镀层保护

涂层保护是防止大气腐蚀最简便的方法。为提高涂层的防腐蚀效果，常根据大气腐蚀环境和涂料的特性，采用多层涂装或几种防护层的组合使用。特别要注意防腐涂装体系中底层涂镀层对整个涂装体系和寿命有举足轻重的影响，它直接影响与金属表面的结合力，又能对钢铁表面有阴极保护作用，有钝化缓蚀作用。例如，电镀锌、锡、铬，热浸或热喷镀锌、铝及其合金等，其耐大气腐蚀性能都有大幅度提高。

③气相缓蚀剂和暂时性保护涂层

主要用于保护储藏和运输过程中的金属制品。如气相缓蚀剂亚硝酸环己胺和碳酸环己胺可用于保护钢铁、铝制品，苯三唑三丁胺等可用于保护铜合金。使用时应注意避免缓蚀剂挥发完而失效。

暂时性保护涂层有水稀释型防锈油、溶剂稀释型防锈油、防锈脂等。

④降低大气湿度

通常适用于室内储存物品的环境控制，一般控制湿度在 50% 以下，最好保持在 30% 以下。

方法有加热空气、冷冻除湿或利用各种吸湿剂等。在小容器中降低湿度的吸水剂有活性炭、硅胶、氯化钙、活性氧化铝等。

25 对腐蚀有影响的土壤参量

与腐蚀有关的土壤参量主要有孔隙度、含水量、电阻率、酸度、含盐量、氧化还原电位以及微生物等因素。这些参量是相互联系的，因此，必须具体情况具体分析。

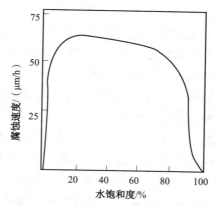

含 0.1mol/L NaCl 的土壤中，含水量和钢管的腐蚀速度关系

（1）孔隙度（透气性）：孔隙度大有利于氧渗透和水分保存，会加速腐蚀过程。但透气性良好的土壤也更易生成有保护能力的腐蚀产物层，阻碍腐蚀过程，使速度减慢。可见土壤的透气性对腐蚀影响复杂，且往往有完全相反的情况。

①考古发掘时发现埋在透气很差的土壤中的铁器历久无损，这是由于氧的渗透极为困难，几乎没有腐蚀。

②埋在密不透气的土壤中的金属却又会发生很严重的腐蚀。这可能有厌氧的硫酸盐还原菌的作用，即使在缺氧条件下，腐蚀速度也会很高；另一种可能，该金属的下部处于透气性好些的土壤中，这就形成了充气不均的宏电池，在氧浓差电池的作用下，密不透气的土壤中金属成为阳极，发生了严重的腐蚀。

（2）含水量：含水量对土壤的腐蚀影响很大。当土壤中含水量很小，在10% 以下时，由于水分缺少，阳极极化和土壤电阻率大，腐蚀速度小。随着含水量增大，当含水量大于10%时，土壤电阻率减小，氧去极化容易，腐蚀速度急速增大。当土壤中含水量很高，高于80% ~90%时，氧的扩散受阻，腐蚀亦随之大大降低。

（3）酸度：大多数土壤属中性，pH 值为 6~8；碱性土壤（碱性砂质黏土和盐碱土）pH 值为 8~10；酸性土壤（沼泽土、腐植土）pH 值为 3~6。随土壤酸度增高，因氢去极化过程能顺利进行，强化了整个腐蚀过程，故土壤的腐蚀性增加。但应指出的是，当土壤中含有大量有机酸时，虽然其 pH 值接近中性，但其腐蚀性仍然很强。

（4）含盐量：土壤中含盐量大，则电导率增加，故增加了土壤的腐蚀性。土壤中有钾、钠、镁、钙等离子，阴离子有碳酸根、氯离子和硫酸根离子。氯离子对土壤腐蚀有促进作用，可直接参与金属的阳极溶解反应，所以在海边潮汐区或接近盐场的土壤，腐蚀性更强。而钙、镁离子在非酸性土壤中能形成难溶的氧化物和碳酸盐，在金属表面上形成保护层，可降低腐蚀。硫酸盐会被厌氧的硫酸盐还原菌转变为腐蚀硫化物，同样也会对金属材料造成很大的危害性。

（5）电阻率：土壤的电阻率与土壤的孔隙率、含水量、含盐量等因素都有关。通常认为电阻率越小，腐蚀性也越严重。所以可以把电阻率作为估计土壤腐蚀的主要参数。但应特别注意，电阻率并不是影响土壤腐蚀的唯一因素，有时这种估计并不一定符合实际情况。例如通过各地区电阻率不同的长输管线，土壤电阻率高的意味着含水含盐量高，氧的溶解度小，渗透较难，导致充气不均的宏电池腐蚀，此区的管线成为阳极，造成了严重的腐蚀。可见土壤的电阻率高并不能确保腐蚀小。

（6）氧化还原电位：这是土壤充气程度的一个基本指标。氧化还原电位高，表明含氧量高；该值低，则有利于厌氧微生物的活动，即与土壤的生物腐蚀性密切相关。

综上所述，土壤参量与腐蚀性之间并不能建立简单的对应关系。采用单项指标对土壤腐蚀风险进行分类评估是不准确的，很可能与实际情况不符合。因此，一定要针对具体情况进行具体分析。

26　土壤中常见的腐蚀形式

（1）充气不均引起的宏观电池腐蚀

①长距离埋设地下的金属构件（如长输管线等）通过不同组成结构的土壤时，由于氧的渗透性不同会造成氧浓差电池，密实、潮湿的土壤（黏土），氧的渗透性差，成为阳极受到腐蚀。如果其中一种土壤中再受到硫化物、有机酸或工业污水的污染，则受到的腐蚀更为严重。

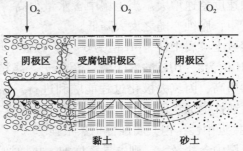

长输管线在不同土壤中形成的氧浓差电池

如果局部土壤不均匀，如其中含有石块等夹杂物，回填又不太密实，这样氧的透气性要比土壤本体好，则使与土壤本体接触的金属就成了阳极，也会受到腐蚀。所以在埋设地下金属构件时，回填土壤的密度务必要均匀，尽量不带石块及其他夹杂物。

②埋设深度不同及边缘效应所引起的宏电池腐蚀。即使金属构件被埋在均匀的土壤中，由于埋设深度不同，离地面较深的部位，有更严重的局部腐蚀；同样在大直径的水平的输送管道上，也能看到管道下部比上部的腐蚀更为严重。

（2）杂散电流引起的土壤腐蚀

所谓杂散电流，是指由原定的正常电路漏失而流入它处的电流，其主要来源是应用直流电大功率的电气装置，如电气化铁道、电解及电镀槽、电焊机或电化学保护装置等。

杂散电流腐蚀破坏的特征：

①漏失电流从土壤进入地下管线处为阴极区，此区不腐蚀；而杂散电流从管线向土壤流出处，为阳极区，遭到严重的腐蚀。

②在使用铅皮电缆的情况下，杂散电流流入电缆处的阴极区，也会发生腐蚀。这是因为阴极区产生的 OH^- 与铅作用生成可溶性的铅酸盐所致。

③交流电杂散电流也会引起腐蚀。对于频率为 60Hz 的交流电来说，其作用约为直流电的 1%，可见破坏作用要小得多。

（3）微生物引起的土壤腐蚀

按理在缺氧的土壤条件下，如密实、潮湿的黏土深处，金属的腐蚀因氧的渗透困难不易发生，可这种条件有利厌氧的硫酸盐还原菌的活动，同样引发强烈的腐蚀。硫酸盐还原菌的活动能促进阴极的去极化作用，而且生成的硫化氢又有加速腐蚀的作用。因此，实际中，在不通气的土壤中如有严重的腐蚀发生，腐蚀产物为黑色黏泥，并伴有恶臭，就应该想到是硫酸盐还原菌引起的微生物腐蚀。

（4）防止土壤腐蚀的两种方法

①覆盖层保护：常用的有焦油沥青、环氧煤沥青、聚乙烯塑料胶带等，为提高防护寿命，发展了重防腐蚀涂料，如熔结环氧粉末涂层、三层聚乙烯防腐涂层等，已应用于长输管线之中。

②阴极保护：目前世界公认埋地管线采用覆盖层与阴极保护联合防腐是一种最经济、最有效的防护方法。这既弥补了因涂层大面积施工存在

缺陷（气孔、针眼等）时的不足，又大大改善了电流的分散能力，提高了保护效率，同时也降低电能或牺牲阳极的消耗。通常，应把钢铁管线电位维持在 -0.85V（相对饱和硫酸铜参比电极）或稍负些，有望达到完全保护。

27 海洋环境的分区及腐蚀情况

按金属和海水接触的情况可将海洋环境分为大气区、飞溅区、潮汐区、全浸区和海泥区。

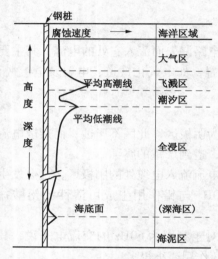

不同海洋环境区域的腐蚀情况

海洋大气区是指海面飞溅区以上的大气区和沿海大气区。此区腐蚀较小。如碳钢的腐蚀速度为 0.05mm/a 左右。

飞溅区是指平均高潮线以上海浪飞溅润湿的区域。此处的海水与空气充分接触，再加海浪的冲击作用，使含氧量达到最大程度，飞溅区成了腐蚀性最强的区域。此区域碳钢的腐蚀速度约为 0.5mm/a，最大可达 1.2mm/a。

潮汐区是指平均高潮位和平均低潮位之间的区域。此区中，孤立的钢样板，主要是微电池的作用，潮汐区的腐蚀速度应高于全浸区。而对于长尺寸的钢桩，除微电池作用外，还受到氧浓差宏电池的作用。供氧充分的潮汐区成为阴极受到保护，腐蚀较轻，而紧靠低潮线以下的全浸区，供氧缺少而成为阳极，使腐蚀加速。

全浸区是指在平均低潮线以下部分直至海底的区域。该区的碳钢腐蚀速度为 0.12mm/a 左右。

海泥区是指海水全浸区以下部分，主要由海底沉积物构成，海泥区含盐度高，电阻率低，与陆地土壤不同，腐蚀性较强，但若与全浸区相比，海泥区的氧浓度低，所以海泥区的腐蚀速度通常要比全浸区低。

28 海水腐蚀的控制途径

（1）合理选材：不锈钢在海水中的耐蚀性主要取决于钝化膜的稳定性，它的均匀腐蚀速度虽然很低，但在海水中有 Cl^- 存在，常发生孔蚀和缝隙腐蚀。常用的金属和合金材料在海水中耐蚀性最好的是钛合金和镍钼合金。双相不锈钢也有较好的耐蚀性，可用来制造海水冷却装置等。铜和铜合金也具有良好的耐海水的腐蚀性，常用于制造螺旋桨、海水管路、海水淡化装置等。

（2）涂镀层保护：大型海洋工程结构要求设计寿命长达 50～100 年，大量使用的钢铁材料，必须要用涂镀层来保护，常用的有喷锌、锌铝合金和铝层。金属镀层有孔隙率，通常选用有机涂覆层进行封孔处理，可获得较好的保护功能。

（3）阴极保护：全浸区的构件可用阴极保护。通常阴极保护有两种实施方法：一种是牺牲阳极法，该法简便易行、无需专人操作，但要用性能优良的牺牲阳极材料；另一种是外加电流法，该法便于调节，使其经常处于最佳的保护状态，但需要优良的辅助阳极和大型直流电源装置。

用涂料与阴极保护联合保护是最经济有效的方法。例如，杭州湾跨海大桥的钢管桩采用了多层复合熔融结合改性环氧涂层与阴极保护联合防护，设计寿命可达 100 年。

（4）对于海水中的舰船、装备及各类构件等都会发生海生物的附着，使管件堵塞，换热效率降低，舰船行进困难等，严重影响正常运行。海生物的附着还使涂层保护受到破坏。因此，在对海水中的构件进行防腐蚀的同时，也必须同时进行防海生物的附着（即防污）。防污的方法通常是加杀生剂，由于铜离子是海生物的一种毒剂，所以海水中使用铜合金时，耐蚀性既好，同时防污性也好。氯气也是一种良好的杀生剂。为适应环保要求，需大力开发低毒、无毒、高效杀生剂。

29 金属在酸中的腐蚀

（1）金属在盐酸中的腐蚀

盐酸是一种典型的非氧化性酸，金属在盐酸中的腐蚀，其阳极过程是金属（如 Fe）的溶解

$$Fe \longrightarrow Fe^{2+} + 2e$$

阴极过程是 H^+ 的还原

$$2H^+ + 2e \longrightarrow H_2$$

称氢去极化腐蚀。

金属在盐酸中的腐蚀速度随酸的浓度增加而上升，例如铁的腐蚀情况。

（2）金属在硫酸中的腐蚀

①铁在硫酸中的腐蚀：当硫酸浓度

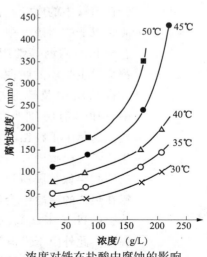

浓度对铁在盐酸中腐蚀的影响

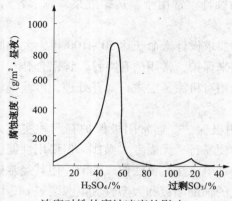

浓度对铁的腐蚀速度的影响

低于 50% 时，铁的腐蚀速度随酸浓度的增加而增大。稀硫酸是非氧化酸，对铁的腐蚀和在盐酸中一样，产生强烈的氢去极化腐蚀。

当浓度超过 50% 时，产生了钝化，腐蚀速度迅速下降；浓度在 70% ~ 100% 时，腐蚀速度很低。所以用碳钢制造 78% ~ 100% 浓度的硫酸设备在工业上是允许的。

当浓度超过 100% 以后，过剩 SO_3 出现，随着其含量的增加，腐蚀速度又重新升高，在 SO_3 的含量约为 18% ~ 20% 时，出现第二个最大值。当 SO_3 含量再继续增加，腐蚀速度再度下降，出现二次钝化，这可能是生成硫酸盐或硫化物保护膜所致。

铸铁在 85% ~ 100% 的硫酸中非常稳定，在工业上常用来制作泵等输送硫酸的设备。但在浓度高于 125% 发烟硫酸中，因发烟硫酸会引起铸铁中硅和石墨氧化而产生晶间腐蚀，所以不建议使用铸铁。

②铝在硫酸中的腐蚀：铝在 40% 以下的稀硫酸中稳定，腐蚀很小。而在中等浓度和高浓度的硫酸中却不稳定，腐蚀较高；但在发烟硫酸中又很稳定。

③铅在硫酸中的腐蚀：在浓度 60% 以下的稀硫酸中，铁碳合金和不锈钢等常用材料，都会发生强烈的腐蚀。而铅在稀硫酸中及硫酸盐溶液中，却具有特别高的耐蚀性。这是由于在铅的表面上生成了一层致密并结合牢固的硫酸铅保护膜所致。但是铅在热浓的硫酸中会生成易溶解的 Pb（HSO_4）$_2$，而不耐腐蚀。此外由于铅很软，机械强度低，一般不单独用作结构材料，多数作为衬里材料。另外，铅锑合金（硬铅，含 6% ~ 13% 锑）适用于

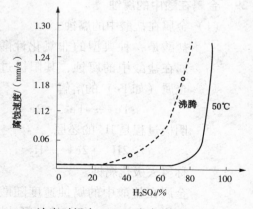

浓度对铅在 H_2SO_4 中腐蚀的影响

制造强度高的构件（如耐酸泵、阀件等）。

铅在亚硫酸、冷磷酸、铬酸及氢氟酸中也很稳定。

铅是一种贵重的有色金属，在硫酸工业中已大量被非金属材料，如聚氯乙烯、玻璃钢所代替。

（3）金属在硝酸中的腐蚀

①钢在硝酸中的腐蚀：当硝酸浓度低于 30% 时，碳钢的腐蚀速度随浓度增加而增加，腐蚀过程和盐酸中相同，属氢去极化腐蚀。

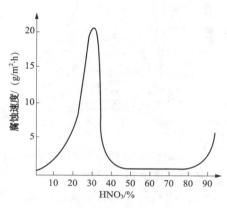

当酸浓度超过 30% 时，腐蚀速度迅速下降。酸浓度达到 50% 时，腐蚀速度降到最小，这是由于发生了钝化现象。此时，发生了强烈的阳极极化，不再可能发生氢去极化腐蚀，阴极过程是氧化剂 NO_3^- 的还原。

浓度对低碳钢的腐蚀速度的影响

$$NO_3^- + 2H^+ + 2e \longrightarrow NO_2^- + H_2O$$

当酸浓度超过 85% 以上，发生了过钝化，碳钢表面形成了易溶的高价氧化物，此时亦出现晶间破坏的情况。

②不锈钢在硝酸中的腐蚀：不锈钢是被大量用来制造硝铵、硝酸生产中设备的耐蚀材料。但在非氧化性介质中，它并不耐蚀，而且在氧化性太强介质中，不锈钢会发生过钝化腐蚀。在某些条件下还会产生晶间腐蚀、孔蚀及应力腐蚀等局部腐蚀。

不锈钢在稀硝酸中却很耐蚀，尽管稀硝酸氧化性差些，但不锈钢比碳钢容易钝化，所以不锈钢在稀硝酸中仍能发生钝化，腐蚀速度很小。应该注意，在浓硝酸中，会因过钝化，使不锈钢腐蚀速度增大。

③铝在硝酸中的腐蚀：铝很容易钝化，所以它在水中、在大部分中性和许多弱酸性溶液以及大气中都有优良的耐蚀性能。

酸浓度在 25% ~30% 时，铝的腐蚀速度最大，这是由于氢离子浓度增加，氢去极化腐蚀加剧所致。当酸浓度超过 30% 时，由于钝化，使腐蚀速度大大降低。而在非常浓的硝酸中，铝与不锈钢及碳钢不同，它并不发生过钝化腐蚀。所以当硝酸浓度在 80% 以上时，铝的耐蚀性

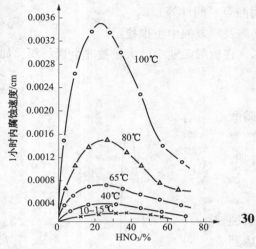

浓度对铝在硝酸中腐蚀的影响

要比不锈钢好得多。可见,铝是制造浓硝酸设备的优良材料之一。但需特别注意,当铝中含有正电性的金属(如铜、铁)杂质时,会大大降低其耐蚀性,所以要来用纯铝(99.6%以上)来制造浓硝酸设备。钝态的铝表面的氧化物保护膜具有两性特点,在非氧化性酸中,特别是在碱性介质中,膜溶解后,铝活化而发生腐蚀。

30 金属在碱中的腐蚀

大多数金属在非氧化性酸中是发生析氢腐蚀。随着 pH 值的升高,氢的平衡电极电位向负值移动,当其电位比金属中阳极组分的电位还要负时,就不再发生氢去极化腐蚀。因此,大多数金属在非酸性盐类及碱类溶液中的腐蚀是另一类较为普遍的腐蚀——氧去极化腐蚀。

常温下的铁和钢在碱中是十分稳定的,因此,它们在碱生产系统中是常用的材料。由图可知,当 pH < 4 时发生严重的析氢腐蚀;当 pH 值在 4~9 之间时,腐蚀速度较小,几乎与 pH 值无关,这是由于在中性和非中性溶液中,腐蚀受氧的扩散所控制,氧的溶解及其扩散速度基本上与 pH 值变化无关;当 pH 值在 9~14 时,铁的腐蚀速度大为降低,这主要是腐蚀产物氢氧化铁在碱中的溶解度很低,并能较牢固地覆盖在金属表面上,阻滞着金属的腐蚀;当碱的浓度继续增高,超过 pH = 14 时,将重新引起腐蚀的增加,这是

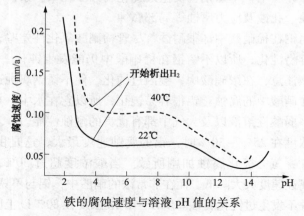

铁的腐蚀速度与溶液 pH 值的关系

由于氢氧化铁膜转变为可溶性的铁酸钠（Na_2FeO_2）所致。当碱液温度升高，这一过程显著加速，腐蚀更为强烈。如果氢氧化钠的浓度高于30%时，膜的保护性能则随浓度升高而降低；若温度也升高，当超过80℃时，普通钢铁会发生严重的腐蚀。

如果碳钢承受较大的应力时，它在碱液中还会产生腐蚀破裂，即所谓的"碱脆"。例如，生产中用火焰直接加热的熬碱锅，锅是一个时期被加热，此时锅的外壁温度可达1100～1200℃，内壁温度约为480℃；一个时期被冷却，这样使锅产生很大的内应力，在应力和浓碱的共同作用下，一般使用100～200次，有的甚至只用20～40次，就发生锅壁开裂而报废。另外，碱生产中设备的

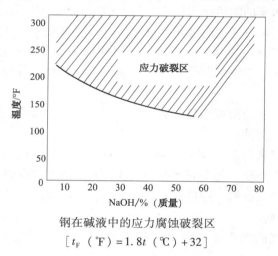

钢在碱液中的应力腐蚀破裂区

$[t_F\ (℉) = 1.8t\ (℃) + 32]$

高应力区，如铆钉缝合处，焊接区或胀管处等常有高浓度的碱与应力联合作用而导致"碱脆"的发生。热碱液中受应力的钢的破裂情况如图所示。实际上，对于50%的碱，应力腐蚀破裂约在50℃（125℉）以上才会发生。碱的浓度越稀，温度越低，破裂发生的可能性则大为减小。

31 盐类水溶液对金属的腐蚀影响

由于盐类的性质不同，其水溶液对腐蚀的影响也不同。

（1）盐类水解后使溶液 pH 值发生变化，按水溶液 pH 值的不同又可将盐类分为三类

①显示酸性的强酸－弱碱盐，如 $AlCl_3$、NH_4Cl、$FeCl_3$、$FeSO_4$、$NiSO_4$ 等，当溶液中有这类盐存在时，溶液呈酸性，一般将对腐蚀起促进作用，表现出与之相对应的酸类似的腐蚀作用。但应注意它们是否具有

氧化性的或容易生成络合物的盐类，它们会显示对腐蚀独特的促进或抑制作用。

②显示碱性的弱酸－强碱盐，如 Na_3PO_4、Na_2SiO_3、Na_2CO_3 等，它们的水溶液呈碱性，其中的 Na_3PO_4、Na_2SiO_3 能生成铁的盐膜，具有很好的保护性，这些盐有时可作为缓蚀剂来使用，以抑制金属的腐蚀。

③显示中性的强酸－强碱或弱酸－弱碱盐，这类盐如没有氧化性，也没有特别效果的阴、阳离子，则仅对溶液的电导度和氧溶解度有影响。

(2) 具有氧化性的盐类

按产生氧化作用的离子种类及是否含卤素离子，又可分成以下四类。

①不含卤素的阴离子氧化剂，如 $NaNO_2$、Na_2CrO_4 等。这类盐的阴离子作为腐蚀过程的阴极还原过程，因此盐的浓度增加将促进腐蚀。但当盐浓度超过某一临界值以后，可使钝化型金属钝化，反而抑制了腐蚀。如对于铁基合金来说，Na_2CrO_4、$NaNO_2$ 等阴离子氧化剂是钝化型缓蚀剂。

②不含卤素的阳离子氧化剂，如 $Fe_2(SO_4)_3$、$CuSO_4$ 等，这类盐只能促进金属腐蚀。

③含有卤素的阳离子氧化剂，如 $FeCl_3$、$CuCl_2$ 等，这类盐对金属的腐蚀最为严重，几乎对所有的工业金属都会剧烈腐蚀，很难找到可以对付的金属材料。即使钛材，在高温、高浓度的这类介质中也会发生局部腐蚀。

④含卤素的阴离子氧化剂，如 $NaClO_3$ 等。这类盐的水溶液强烈促进腐蚀。

(3) 卤素盐，这类盐对金属材料有极大的腐蚀性，尤其是含卤素的阳离子氧化剂对金属的腐蚀最严重。因为 Cl^- 存在，破坏钝化膜，这种作用在氧化性环境中尤为显著，所以在氧化性卤素盐中这种破坏作用最大。即使是非氧化性卤素盐，如 $NaCl$、KCl、$MgCl_2$ 等，若与溶解氧等其他氧化剂共存时，其结果也相同。

(4) 具有络合能力的盐，含有 NH_4^+、CN^-、SCN^- 等具有络合能力的离子的盐将促进某种金属的腐蚀。例如 NH_4^+ 能和铜离子形成稳定的络离子，从而加速了铜的腐蚀。又如钢在高浓度的硝酸铵中有 $[Fe(NH_3)_6](NO_3)_2$ 的络合物生成，也会使腐蚀速度增大。

32 导致局部腐蚀的电化学条件

(1) 局部腐蚀发生的必要条件：如果电位相同的金属表面所接触的腐蚀介质

也均匀一致的话，整个金属表面的阳极溶解速度应该处处相等，即各部分都应遵循相同的阳极溶解动力学规律，不会发生局部腐蚀。因此，发生局部腐蚀的必要条件是：在腐蚀体系中存在着或出现了某种因素，使得金属表面的不同区域遵循不同的阳极溶解动力学规律（即具有不同的阳极极化曲线）。也就是说在腐蚀过程中，局部表面区域的阳极溶解速度明显地大于其余表面区域的阳极溶解速度。

以上条件只是"必要"的但不"充分"，例如，金属材料中有少量细小的阳极性夹杂物，尽管一开始金属表面阳极相夹杂物的阳极溶解速度比金属表面其余部分的阳极溶解速度高得多，但随腐蚀的进行，阳极性夹杂物被溶解掉而消失，这就使金属表面各部分的阳极溶解速度不再有显著差别，即使再出现新的阳极相夹杂物表面，也已不是在原来的部分，故不能继续造成严重的局部腐蚀后果。

（2）局部腐蚀发生的充分条件：局部腐蚀发生除上述必要条件外，应有的另一个条件是：腐蚀过程本身的进行，不会减弱甚至还会加强不同表面区域阳极溶解速度的差异。这样才能使局部腐蚀过程持续进行，最终形成严重的局部腐蚀。这里有两种情况：

①金属本身具备局部腐蚀过程发生的条件，而且随着腐蚀的进行，金属表面不同区域间的阳极溶解速度的差异不会消除或减弱。例如，钢铁表面有镀锡层，因为锡是阴极性镀层，在镀层的微孔或损伤处裸露出来的阳极性基底钢铁成为了阳极，与锡镀层组成的接触电池具有小阳极－大阴极的危险性腐蚀结构，裸露出的小阳极以很高的阳极溶解速度进行着，最终形成了严重的局部腐蚀（孔蚀）。

又如，敏化处理的奥氏体不锈钢在弱氧化性介质中发生的晶间腐蚀。由于敏化处理使晶界析出 $Cr_{23}C_6$，造成晶界贫铬，成为阳极，晶界与晶粒形成的成分差异，导致它们的阳极溶解动力学行为不同，这一"必要条件"使局部腐蚀得以开始。由于晶界优先快速溶解，不断地暴露出新晶界，腐蚀过程本身又不能消除金属表面不同区域阳极电位的差异和阳极溶解速度的差异，导致局部腐蚀能沿着晶界不断深入发展下去，这一"充分条件"使局部腐蚀得以持续进行，最终才能严重地局部腐蚀。

②金属材料本身并不具备发生局部腐蚀的必要条件，一开始金属表面遵循相同的阳极溶解过程的动力学规律，但随着腐蚀的不断进行，次生效应引起了金属表面不同区域之间阳极溶解速度产生差异，而且这种

差异随着腐蚀过程的进行不但不会消失，甚至还可能有所增强。这种局部腐蚀的条件是由腐蚀过程进行的本身所引起的现象，亦称之为局部腐蚀的自催化效应。许多主要的局部腐蚀都与自催效应密切相关。

33 腐蚀原电池及局部腐蚀电池中的特点

腐蚀原电池与一般原电池工作原理虽然相同，但有其自己的特点。

（1）腐蚀原电池的特点

①腐蚀原电池中的阴、阳极不能分开，是短路的原电池。

②这种短路原电池不能提供有用功，只能导致金属材料的腐蚀破坏。

全面腐蚀中的原电池，阴阳极尺寸非常小，相互紧靠难以区分，大量的微阴极、微阳极组成无数个腐蚀微电池，在整个金属表面随机分布着。因此可把金属自溶解看成是在整个电极表面均匀进行。

（2）局部腐蚀电池中的特点

①阴、阳极可区分开：局部腐蚀中的原电池阴、阳极短路但可区分开，大多数情况下具有小阳极－大阴极的面积比结构，而且，随着面积比 $S_{阴}/S_{阳}$ 的增大，阳极区的溶解电流密度也随之急速加大，这要比全面腐蚀的速度大得多。例如，孔蚀中的孔内（小阳极）和孔外（大阴极）；晶间腐蚀中的晶界（小阳极）和晶粒（大阴极），缝隙腐蚀中的缝内（小阳极）和缝外（大阴极）等。

②闭塞性：局部腐蚀中的电池，其阳极区相对阴极区要小得多，随着腐蚀的进行，腐蚀产物会在小阳极的出口处堆积覆盖，造成阳极区内溶液滞留与阴极区之间物质交换困难，这种腐蚀电池又称闭塞电池。

局部腐蚀的条件一旦形成，其腐蚀的发展非常迅速，这是由于随着腐蚀进行供氧差异电池工作，形成了闭塞条件，进一步引起小阳极区内介质酸化，导致金属阳极溶解动力学行为改变使腐蚀加剧。这种自催化效应的产生，致使发生严重的局部腐蚀。

在实际生产中，由于种种原因，在设备或构件上经常会存在闭塞条件（如微孔、缺陷、特小的缝隙等），容易形成供氧差异电池，而且电池的闭塞程度越大，自催化效应更加强化，产生严重局部腐蚀的可能性更大。因此，注意避免闭塞条件的形成，对于防止局部腐蚀是非常有效的。

34 电偶腐蚀及其影响因素

（1）电偶腐蚀倾向的判断

在实际介质中异种金属接触时，其电偶腐蚀倾向判断（哪种金属受腐蚀，哪种金属受保护）不能用电动序中某金属的标准平衡电极电位来判断，例如Zn-Al在海水中组成偶对，若用标准电极电位来判断，则$E_{e,Zn}^{\circ} = -0.762V$，$E_{e,Al}^{\circ} = -1.66V$，显然铝为阳极而腐蚀，锌为阴极受保护。可结果与实际情况不符，这是因为标准电极电位的介质条件与海水介质条件相差太大，在3.5% NaCl溶液中，Al的腐蚀电位$E_{c,Al} = -0.60V$，而$E_{c,Zn} = -0.83V$，可见实际在海水中锌是阳极受到腐蚀，而铝为阴极受到保护。因此，我们对偶对中金属的极性和电偶腐蚀的倾向应该用电偶序来作热力学上的判断。但值得注意的是：

① 电偶序中，通常只是列出金属稳定电位的相对关系，由于实际的腐蚀介质变化甚大、因素复杂，所以并不可能把各种金属的特定电位值列出。一般所得大多数属于经验性数据，缺乏准确的定量关系，但这对于判断金属在偶对中极性和阳极体的腐蚀倾向有参考价值，因为利用热力学数据仅仅是预示腐蚀发生的方向和限度而已。

② 电偶腐蚀的实际过程是非常复杂的，腐蚀的发生和腐蚀速度的大小，不是只看偶对中两种金属电位差的大小，主要应由极化因素来决定。因此，只有把热力学因素和动力学因素结合起来考虑才能得出较为全面的正确结论。

（2）影响电偶腐蚀的主要因素

① 偶对中的阴极面积和阳极面积的相对大小，对其中阳极体的腐蚀速度影响很大，如图所示。通常，随阴极面积对阳极面积的比值（$S_{阴}/S_{阳}$）的增大，作为阳极体的腐蚀速度也随之增加。如果是氢去极化腐蚀，且腐蚀为阴极极化控制时，阴极面积相对愈大，阴极电流密度愈小，阴极上的氢过电位就愈小，析氢速度愈大，金属阳极的溶

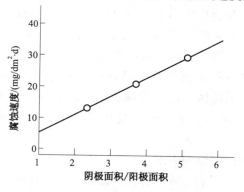

电极面积比对阳极腐蚀速度的影响

解速度就大大增加；如果是氧去极化腐蚀，且腐蚀为氧扩散控制时，若阴极面积增大，则溶解氧可更大量地到达阴极表面进行还原，扩散电流增加，金属阳极的电流密度增大，也导致阳极的加速溶解。所以在工程上应尽量避免大阴极 – 小阳极的腐蚀危险的结构。

②介质的电导率：当金属发生全面腐蚀时，一般来说，介质的电导率高，金属的腐蚀速度大；介质的电导率低，则金属的腐蚀速度小。但对电偶腐蚀而言，介质电导率对阳极金属的腐蚀的影响就有所不同。如某金属偶对在海水中，由于海水电导率高，两极间溶液的电阻小，故溶液的欧姆压降可以忽略，电偶电流可分散到离接触点较远的阳极表面上，阳极所受的腐蚀较为"均匀"。如这一偶对是在软水或普通大气下发生电偶腐蚀，由于介质电导率低，两极间溶液引起的欧姆降就大，腐蚀便会集中在离接触点较近的阳极表面上进行，导致阳极的局部表面上溶解速度变大，形成很深的槽沟使构件报废。所以如果误以为介质的电导率低，腐蚀不严重，而不采取有效的防止电偶腐蚀的措施，有时会造成严重的生产事故。

（3）如同一构件中必须要用异种材料接触时，必须设法对接触面采取绝缘的措施，一定要仔细检查是否已达完全绝缘。如是采用螺栓连接的装备中，往往会忽略螺孔与螺杆的绝缘，这就没有做到真正的绝缘，电偶腐蚀的效应依然存在。对于不允许接触的小零件，又必须装配在一起时，可以来用各种表面处理的方法，如零件的"发蓝"、表面的镀锌、对铝合金表面进行阳极氧化，这些表面处理膜在大气中的电阻较大，亦可起到减轻电偶腐蚀的作用。

35 黄铜及其腐蚀的影响因素、控制途径

（1）黄铜：铜锌合金称为黄铜。含 Zn 低于 15% 的黄铜呈红色，称为红黄铜，一般不产生脱锌腐蚀，多用于散热器。含 30% ~33% 锌的黄铜多用于制弹壳。这两类黄铜都是 Zn 在 Cu 中的固溶体合金，称作为 α – 黄铜。含 38% ~47% 锌的黄铜是 $\alpha + \beta$ 相，β 相是以 Cu、Zn 金属间化合物为基体的固溶体。这类黄铜热加工性能好，多用于热交换器。含 Zn 较多的 α 相及 $\alpha + \beta$ 相黄铜脱锌腐蚀都比较严重。脱锌属于选择性腐蚀。

（2）黄铜脱锌腐蚀的影响因素

①合金成分的影响，黄铜含锌量愈高，其脱锌倾向和腐蚀速度愈大。在自然腐蚀条件下，多半是在含锌量高于 15% 的黄铜上发现脱锌。

②介质中的溶解氧有促进脱锌的作用，但即使在缺氧的介质中，脱锌作用也能进行。因为锌是很活泼的金属，在纯水中能够通过水的阴极还原生成氢气和氢氧根离子。

③溶液的滞流状态、含氯离子或黄铜表面上有疏松的垢层或沉积物（有利于形成缝隙腐蚀的条件）都能促进腐蚀。

（3）控制黄铜脱锌腐蚀的方法

①黄铜中加入少量砷可以使脱锌敏感性下降。例如含 70% Cu、29% Zn、1% Sn 和 0.04% As 的海军黄铜是抗脱锌腐蚀的优质合金。其中的砷是起"缓蚀剂"作用。

②改善环境：如脱氧是防止黄铜脱锌的重要措施。

③采用阴极保护。

④在可能场合，尽量选用对脱锌不敏感的黄铜，如红黄铜就是其中之一。

36 孔蚀与缝隙腐蚀

孔蚀与缝隙腐蚀的不同

（1）腐蚀发生的条件不同

孔蚀：

①多发生在金属表面有钝化膜的材料上或表面有阴极性镀层的金属（如碳钢表面镀 Sn、Cu、Ni 等）上。

②孔蚀发生于有特殊离子的介质中，如不锈钢对含有卤素离子介质特别敏感。

③孔蚀发生有一临界电位 E_b（称孔蚀电位），当电位大于 E_b，孔蚀迅速发生、发展；小于保护电位 E_p 时，孔蚀不发生；在 $E_b \sim E_p$ 之间，已发生的蚀孔继续发展，但不产生新孔。可见，E_b 越高，表征耐孔蚀能力越好；E_b 与 E_p 值越接近，说明钝化膜修复能力越强。

缝隙腐蚀：

①可发生在所有金属与合金上，特别容易发生在靠钝化而耐蚀的金属上。

②介质可以是任何侵蚀性溶液，酸性或中性，而含氯离子的溶液最易引起缝隙腐蚀。

③对同一种合金而言，缝隙腐蚀要比孔蚀更易发生，在 $E_b \sim E_p$ 电位范围内，缝隙腐蚀既能发生也能发展。缝隙腐蚀的临界电位要比孔蚀电位低。

（2）腐蚀发生的情况不同

①孔蚀的发生：

首先要形成蚀核，因此有一个诱导期。当介质中有活性阴离子（常见的如氯离子）时，氯离子能优先地有选择地吸附在钝化膜上排代氧原子，并与膜中的阳离子结合生成可溶性金属－氧－羟－氯络合物，裸露出的基底金属成为特定点生成小蚀坑便称为孔蚀核。蚀核从理论上讲可在钝化金属表面的任何点上形成，随机分布，但钝化膜的缺陷（如伤痕，露头位错等）处，内部有硫化物夹杂、晶界上有碳化物沉积等处，蚀核将会在这些特定点上优先形成。蚀孔出现的特定点称为孔蚀源，孔蚀起源于孔蚀核。

②缝隙腐蚀的发生：

起源于金属与金属或金属与非金属之间形成的特别小的缝隙，其宽度为 $0.025 \sim 0.1\,mm$，使缝内介质处于滞流状态，引起缝内的腐蚀加剧。

（3）腐蚀发生的过程不同

①孔蚀是通过腐蚀逐渐形成闭塞电池，然后才加速腐蚀。闭塞程度较大。

②缝隙腐蚀，由于事先已有缝隙存在腐蚀，一开始便很快形成闭塞电池而加速腐蚀，闭塞程度较小。

（4）腐蚀形貌不同

①孔蚀的蚀孔窄而深。

②缝隙腐蚀的蚀坑相对广而浅。

孔蚀与缝隙腐蚀的相似之处

（1）孔蚀中先有孔蚀核出现，缝隙腐蚀事先有特有小缝隙的存在；"供氧差异电池"的形成对孔蚀核的长大和缝隙的蚀坑开始深化和扩展均起着促进作用。

（2）存在小阳极（孔蚀的孔内，缝隙腐蚀的缝内）－大阴极（孔外，缝外）的腐蚀危险结构，随腐蚀的进行，阳极出口被腐蚀产物堵塞形成了闭塞电池。

（3）闭塞电池的工作，产生了自催化效应，改变了阳极区内（孔内、缝内）阳极溶解动力学行为，造成了腐蚀加速进行，最终形成了严重的局部腐蚀（孔蚀和缝隙腐蚀）。

37　应力腐蚀与腐蚀疲劳的异同

应力腐蚀与腐蚀疲劳的不同之处

（1）腐蚀发生的基本条件不同

应力腐蚀发生的三个基本条件是敏感材料、特定环境和足够大的拉应力：

①发生应力腐蚀（SCC）的材料主要是合金，一般认为纯金属极少发

生，例如纯度达99.999%的铜在含氨的介质中不会发生SCC，但含有0.004%磷或0.01%镁时则会发生SCC。

②发生应力腐蚀必须是特定介质与特定材料的组合。某一特定材料，决不是在所有环境介质中都可能发生应力腐蚀，而只是局限于一定数量的环境中。

③必须有固定的拉伸应力（包括残余应力、负荷应力）的作用，而压应力反而能阻止或延缓应力腐蚀。

腐蚀疲劳的基本条件与应力腐蚀不同：

①不管是合金还是纯金属都会发生腐蚀疲劳。

②不需要特定介质与特定材料的组合。

③需要循环应力或脉动应力的作用。循环应力在实际工作中表现形式有多种，例如海上、矿山的卷扬机牵引钢索常受拉－压应力的交变作用，油井钻杆或深井泵的轴同样达到改变应力作用，这些都可能发生腐蚀疲劳而断开。

（2）腐蚀发生的过程不同

应力腐蚀破坏过程可分三个阶段：

①孕育期——裂纹萌生阶段，裂纹源成核容易在钝化膜处于不稳定的状态，在薄弱的部位由于力和电化学作用使膜局部破坏，形成裂纹核。

②裂纹扩展期——裂纹形成核后，由于应力高度集中与电化学协同作用下裂纹高速溶解；裂纹迅速发展到临界尺寸。

③快速断裂期——裂纹达临界尺寸后，由于纯力学作用，裂纹失稳瞬间断裂。

腐蚀疲劳发生的裂纹源容易在原蚀坑或蚀孔底部开始，也可以从金属表面的缺陷部位开始，也可能在交变载荷作用下，变形区为阳极，导致腐蚀疲劳裂纹形核。然后在反复加载应力与电化学协同作用促进裂纹扩展成微裂纹，进一步扩展成宏观腐蚀疲劳裂纹直至断裂。裂纹扩展速度比应力腐蚀的要缓慢。

（3）腐蚀形貌不同

①应力腐蚀破裂，裂纹扩展方向一般垂直于主拉伸应力的方向，裂缝呈树枝状，断口表面颜色暗淡。

②腐蚀疲劳裂缝只有主干没有分支，裂缝前缘较"钝"，断口大部分有腐蚀产物覆盖，小部分较为光滑。断口呈贝壳状或带有疲劳纹。

应力腐蚀与腐蚀疲劳的相似处

（1）两者均为力学因素和电化学因素协同作用所致。

（2）裂纹扩展期都形成闭塞电池而产生自催化效应使腐蚀加剧。

（3）断口均为脆性断裂。

38 磨损腐蚀发生范围及机制

磨损腐蚀发生范围：

大多金属和合金都会遭受磨损腐蚀，依靠产生某种表面膜（钝化）的耐蚀金属，如铝和不锈钢，当这些保护性表面膜受流动介质的破坏或磨损，腐蚀会以很快的速度进行，最终造成严重的磨损腐蚀。一些软的、易遭机械破坏或磨损的金属，如铜和铅，也非常容易遭受磨损腐蚀。

许多类型的腐蚀介质都能引起磨损腐蚀，包括气体、水溶液、有机介质和液态金属，悬浮在液体中的固体颗粒对磨损腐蚀特别有害。

暴露在运动流体中的所有类型设备、构件都会遭受磨损腐蚀。例如，管道系统中，特别是弯头、肘管和三通、泵阀及其过流部件、离心机、推进器、有搅拌的桨叶和容器、换热器、透平机叶轮等。

磨损腐蚀的机制：

磨损腐蚀又称流动腐蚀。抓住流动使腐蚀加剧的事实入手，从动力学观点出发或利用解析法或利用实际观测法做了种种探讨，迄今为止有关的主要论点有：

（1）协同效应：与静态条件的相比，流体中的腐蚀之所以加剧，其实质是由于腐蚀电化学因素与流体力学因素之间的协同效应所致。这两种因素并不是简单的叠加而是相互作用密不可分的协同加速作用。尤其在电导率较好的介质（如海水）中，其中电化学因素仍然起主要作用。

（2）流体动力学因素的作用。介质的流动对腐蚀有两种作用：质量传递效应和表面切应力效应。特别是在多相流中，影响更为强烈。研究表明：流速较低时，腐蚀速度主要由去极化剂的传递过程控制；流速较高时，电化学因素与流体动力学因素间的协同效应强化，流体对材料表面的剪切应力加大，可使表面膜破坏，导致腐蚀进一步加剧。

可见，流体中的传质过程在很大程度上是受流体力学参数的影响。

39 磨损腐蚀的影响因素

除影响一般腐蚀的因素外，还有：

（1）流速：流速在磨损腐蚀中起主要作用，它常常强烈地影响腐蚀反应的过程和机理。一般说来，随流速增大，腐蚀速度随之增大。开始时，在一定的流速范围内，腐蚀速度随之缓慢增大。当流速高达某临界值时，腐蚀急剧上升。在高流速的条件下，不仅均匀腐蚀随之严重，而且局部腐蚀也随之严重。在临界流速之前，腐蚀主要由传递过程控制；而在临界流速之后，腐蚀受力学作用与电化学过程控制。

（2）流型（流动状态）：流动介质的运动状态有两种：层流与湍流，不同的流型具有不同的流体动力学规律，对流体腐蚀的影响也很不一样。湍流使金属表面的液体搅动程度比层流时剧烈得多，腐蚀的破坏也更严重。因此除高流速外，流道中有凸出的障碍物、沉积物、突然改变流向的截面等都能影响这类腐蚀。

（3）表面膜：材料表面，不管是原先就已形成的还是在与介质接触后生成的保护性腐蚀产物膜，膜的性质、厚度、形态和结构，是流动加速腐蚀过程中的一个关键因素。而膜的稳定性、粘着力、生长和剥离都与流体对材料表面的剪切力和冲击力密切相关。例如不锈钢是依靠表面的钝化膜而抗腐蚀的，静态介质中，材料完全能钝化，也很耐蚀；可在高流速运动的流体中，却不耐磨损腐蚀。对碳钢和铜合金而言，随流速增大，从层流到湍流，表面腐蚀产物的沉积、生长和剥离对磨损腐蚀均起着主要作用。

（4）第二相：当单相流介质中存在第二相（通常是固体颗粒和气泡）时，特别在高流速下腐蚀明显加剧，固体颗粒随着流体的运动对金属表面的冲击作用也不可忽视。它不仅可破坏表面的保护性膜，甚至会使材料的基体受到损伤，造成材料严重腐蚀破坏。另外，颗粒的种类、硬度、尺寸对磨损腐蚀也有显著影响。例如，石英砂比河砂硬度大，含相同量的石英砂的盐水中的磨损腐蚀要比含河砂的严重得多。不仅如此，流体中固体颗粒的存在，还会影响介质的物性，甚至改变流型，破坏表面的边界层，进一步加速腐蚀过程。

40 碳钢在 3%NaCl 溶液的单相流和双相流中的磨损腐蚀

（1）随流速变化的腐蚀规律

随着流速的增大磨损腐蚀随之增大。刚开始，随流速的增大，腐蚀速度缓慢增加，腐蚀主要受传质过程控制。继续增大流速，存在一个使腐蚀急剧增大的临界流速值，单相流中的为 3.14m/s，双相流中为 2m/s（见图）。此后腐蚀电化学因素与流体力学因素间的协同加速效应逐渐强化，腐蚀随流速进一步增大而迅速加剧。此时，不仅均匀腐蚀加剧，而且坑、点等局部腐蚀也随之加剧。双相流中由于固体颗粒的冲击和磨损，使腐蚀比单相流中的要严重得多。海水中碳钢的磨损腐蚀规律与此类同。

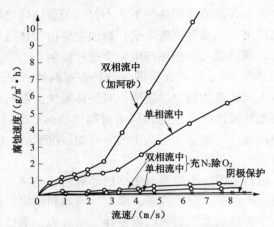

碳钢在 3% NaCl 溶液中，流动速度对腐蚀的影响

除去对腐蚀有害的成分，如充 N_2 除 O_2，显著降低了腐蚀电化学因素，从而大大削弱了与流体力学因素间的协同效应（无论是单相流还是双相流），导致磨损腐蚀急剧降低。施加阴极电流［保持阴极电位为 $-950mV$（S. C. E）］同样有效抑制了腐蚀电化学因素，从而大幅度消弱协同效应，使腐蚀大大降低。

(2) 控制磨损腐蚀的有效方法

阴极保护：从动态模拟实验和现场的应用考核充分证明：在流动中性氯化物介质（如海水）中，流体力学与腐蚀电化学因素间的协同效应大大加速了金属的磨损腐蚀。但只要有效地抑制腐蚀电化学因素（除去有害的 O_2，或施加阴极电流），就能大幅度削弱协同效应，使腐蚀急剧降低，可见其中的电化学因素是起主导作用。基于这一事实，阴极保护不仅可以用于静态设备的防护，而且对于流动海水体系中的设备（如泵）也是一种很有效的防护方法。采用与涂料相结合对海水输送泵（碳钢制）的阴极保护已成功在某化工公司应用，公认为最经济有效的一种防护方法。

正确选材：选择较好耐磨损腐蚀的材料，如双相钢，在常温下，双相不锈钢耐高速流动海水的磨损腐蚀性能很好，腐蚀轻微。当温度升至 55℃ 时，流速超过 10m/s（临界流速）腐蚀才急剧增大。双相不锈钢海水冷却器已在上海某石化厂成功应用，投资费用虽较高，但日常无需维护，使用寿命长，也是一种很好的方法。

改变环境：除氧或加缓蚀剂虽然有效，但在许多场合也并不经济。

41 磨损腐蚀的动态模拟装置

为了研究磨损腐蚀的规律、控制因素和机理，以寻找经济有效的防腐途径，人们不可能到真实的现场去做试验研究。为此必须在实验室建立既经济实用又科学的模拟现场条件和状态的动态装置进行实验。根据系统的模拟实验数据，并与有限的现场结果对比修正，反复试验，才有可能十分自然地揭示真实现场中的腐蚀问题。特别对于暂时尚无法获得真实条件下的腐蚀数据时，例如深海（3000～5000m）条件下，模拟试验装置的诞生及实验尤为重要和迫切。

对于磨损腐蚀，为了各自的研究目的，设计并应用了各种动态模拟装置，归纳起来大致有两类：

（1） 研究试样旋转：这类装置主要有旋转圆盘法和旋转圆筒法。在这类装置中能实现良好的流体动力学模型，通过调节圆盘、圆筒的转速和半径，就可以控制腐蚀介质的流动状态。装置较简单，使用方便，造价也低，可以与电化学测试仪器联机。但由于试样是旋转状态，一定要注意实现良好的电连接。

常用的旋转圆盘动态模拟装置如下图所示。试样嵌入圆盘侧壁，主要模拟研究试样表面受切应力的作用。

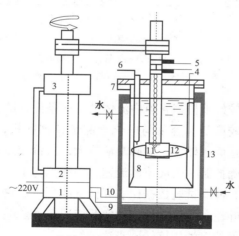

旋转法动态模拟装置示意

1—温度调节器；2—转速调节器；3—直流电机；4—辅助电极；5—电刷；6—参比电极；7—试验容器；8—挡板；9—加热器；10—热电偶；11—旋转圆盘；12—研究试样（嵌入在旋转圆盘的侧壁上）；13—水冷却夹套

尽管磨损腐蚀有较强的工业背景，许多腐蚀问题急待解决。但因腐蚀影响因素复杂，又需自行设计、加工动态模拟装置，而且装置的类型结构不同，其测量结果也会存在差异，数据分散，难以横向比较，研究难度较大。至今对这类腐蚀的研究较少，对其规律、机理的认识还远远不够。

（2）研究试样固定不动：这类装置主要有管道流动法、喷射法。在这类装置中电化学测量容易实现。

管道流动法的装置示意如图所示。试样嵌入管的内壁上，必须与壁面严格保持平滑也没有任何缝隙，否则流体运动对表面的传质情况和腐蚀都有影响。另外在嵌有试样的管（图中6）的前方，必须有足够长度的稳流直管（图中5），以保证在进试样管前能建立起稳定、充分发展的流体运动状态。

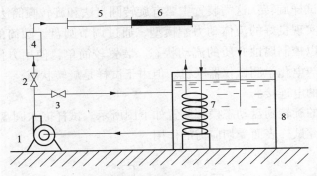

管道动态模拟装置示意

1—泵；2、3—阀；4—流量计；5—稳流直管；

6—试样嵌入管；7—冷却管；8—贮液槽

管流装置能较好地模拟管道中流体的工况条件，试验结果有较好的实用价值，使用较广泛，容易与电化学测试仪器联机，便于研究规律与机理。但是占地面积较大，试验溶液量大，造价较高。

喷射法可精确控制冲击液流的流速，但模拟与工况条件的流体动力学特性差距较大，冲刷试验数据比实际情况要严重。它与管流法均不能较好地模拟泵、叶轮和搅拌构件等的实际工况条件。关于这些处于流动介质中的旋转构件的腐蚀用旋转圆盘法为好。

42 介质的流动对腐蚀影响的复杂性

在实际的工况条件下，介质很少处于静态条件下，随着技术进步、生产过程的强化，许多设备构件是处于高速运动的腐蚀介质中，腐蚀既严重又复杂。因此揭示流动对腐蚀的影响规律、机理，以寻找有效的防腐途径十分重要。金属的腐蚀率与介质的运动速度和运动状态有关，而且这种关系往往非常复杂。这主要取决于金属和介质特性、流动动力学因素和腐蚀电化学因素间的协同效应。

（1）当介质流速不高时

　　①对于受活化控制的腐蚀过程：当搅拌和流速不是太大时，对腐蚀率几乎没有什么影响。如铁在稀盐酸中、18-8 不锈钢在硫酸中就是这种情况。

　　②对于受扩散控制的腐蚀过程：当含有少量氧化剂水溶液中，搅拌将使腐蚀率增加，如铁和铜在含氧的水中腐蚀就属于这类情况。如果过程受扩散控制而金属又容易钝化的情况，增加搅拌时，金属将由活态转变为钝态，金属反而腐蚀速度大为降低。

（2）当流速随之增大至较高流速时，有些金属在一定的介质中具有良好的耐蚀性，这是由于表面生成了良好的保护膜。可当这些材料暴露在流动的腐蚀介质中时，随流速的增大，对膜会发生不同的破坏情况，如图所示。

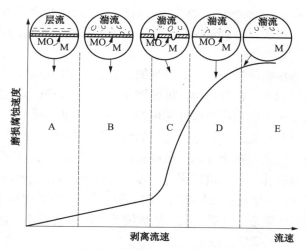

流速对磨损磨蚀的影响情况

当流速较低时，介质处于层流状态，流体对金属表面产生的剪切力小，与电化学因素间的协同效应弱，还不能破坏表面的保护膜（图中 A 区），腐蚀速度很小。随流速增大，介质的运动已从层流状态开始转入湍流状态，此时协同效应虽然增强，但金属表面的保护膜也还能保持稳定，主要是氧的传递决定腐蚀速度（图中 B 区）。流速再增大，流体对表面的剪切应力增大，与电化学因素间的协同效应强化，金属表面的保护膜开始被局部破坏，裸露出的基底金属为小阳极，膜为大阴极，这种附加电池的同时工作不仅使均匀腐蚀严重而且局部腐蚀也很严重（图中 C 区）。当流速再继续增大，协同效应大大强化，则金属表面的膜几乎完全被破坏，腐蚀继续增大（图中 D、E 区）。例如，铅在硫酸中及钢在浓硫酸中腐蚀速度也很小，就是因受到不溶性硫酸盐膜或氧化物膜的保护所致。当流速很高时，同样遭到流体对金属表面剪切力因素与电化学因素间的协同作用而破坏，导致腐蚀加速。可见，这类磨损腐蚀在保护膜未真正破坏之前，搅拌作用或流速影响并不大。

（3）当流速极高时

介质的流速极高，还能发生强烈冲击下的腐蚀、湍流腐蚀和空泡腐蚀。例如，化工生产中的热交换器和冷凝器管束进口端受到的腐蚀就是湍流腐蚀。又如，高速涡轮机叶轮等就是空泡腐蚀的典型例子。

43 利用金属钝性在工程上实施阳极保护技术时必须具体分析的三个主要参数

（1）致钝电流密度：它是使金属在给定环境条件下发生钝化所需的最小电流密度，以 $i_{致钝}$ 表示。$i_{致钝}$ 的大小，可以表明被保护金属在给定环境中钝化的难易程度。$i_{致钝}$ 较小的体系，金属较易钝化；$i_{致钝}$ 较大的体系，钝化就较困难。

钝化膜的形成是需要一定的电量的，对于一定的电量，时间越长，所需的电流就越小。也就是说，延长钝化时间，可以减小致钝电流密度。但是电流小于一定数值时即使无限延长通电时间，也无法建立钝化状态。这种现象与电流效率有关，所用的电流密度越大，形成钝化膜的电流效率越高，电流消耗于金属的电解腐蚀部分越小。当电流密度小到一定量时，形成钝化膜的电流效率等于零，全部电流均用于消耗金属的电解腐蚀。因此，在实施阳极保护时，$i_{致钝}$ 的选择，既要考虑减小电源设备的容量，同时也要考虑有适当大的形成钝化膜的电流效率，使之在钝化时金属不发生大的电解腐蚀。

在不影响生产工艺过程以及产品质量的情况下在溶液中加氧化剂，降低溶液温度等均能使 $i_{致钝}$ 降低。在应用中往往采用分段或逐步钝化的方法来降低致钝电流的强度。即在被保护设备接上电流以后，慢慢地将腐蚀性介质注入设备中，使被溶液浸没的地方依次使之钝化。

（2）维钝电流密度：它是使金属在给定环境条件下维持钝态所需的电流密度，以 $i_{维钝}$ 表示。$i_{维钝}$ 的大小，表示阳极保护正常操作时耗用电流的多少，同时也决定金属在阳极保护时的腐蚀速度。$i_{维钝}$ 的大小，也表征阳极保护效果的好坏。$i_{维钝}$小，表示阳极保护效果好，如果阳极钝化曲线上表示出的 $i_{维钝}$ 较大时，很可能是介质中杂质引起的副反应与腐蚀同时在消耗电流。此时必须将体系控制在维钝电位下进行失重的测定，计算出腐蚀速度。若金属腐蚀部分相当的电流小，也即说保护效果好，此时可以进行阳极保护，但耗电量要大些。若金属腐蚀速度超过一定数值（如 1mm/a），阳极保护就没有实际意义。

通常维钝必须用恒电位操作。在维钝过程中，随维钝时间的延长，维钝电流逐渐减小，最后趋于稳定。

（3）稳定钝化区的电位范围：这是指钝化过渡区与过钝化区之间的电位范围。这个区的范围越宽越好，因为可以容许电位在较大的电位数值范围内波动而不致于有进入活化区或过钝化区的危险。为了能较好地控制电位，这个区的电位范围应不小于 50mV。否则，在工程上不建议采用阳极保护技术。

以上三个主要参数可从恒电位法测得的金属阳极极化曲线上确定。但由于各个生产企业的工艺参数可能不尽相同，所以在实施阳极保护时，要对每一个具体的场合进行专门的电化学测试研究。通常在实验室模拟现场条件下测得的保护参数与实际生产条件下所测得的参数能较好地符合。

44　阴极保护的效果与保护电流的分布

阴极保护的效果好坏很大程度上决定保护电流是否能在被保护设备上均匀分布，如果能使被保护设备各个部位的保护电位基本相同就表明获得了良好的保护效果。

（1）对外形结构复杂的设备进行阴极保护时，由于电流有遮蔽效应，使分散能力较差，导致被保护体上各部位的电位相差较大。这样离辅助阳极近处部位的电位已经较负，达到保护电位；而离阳极远处，则电位负移很小，远未达保护电位，因此被保护设备各部位的电位极不均匀，甚至可能导致阴极保护失败，这种情况辅助阳极的布置很困难。所以通常说，阴极保护不宜用于外形结构过于复杂的设备。

（2）电流分散能力的改进方法

①增加阳极数量：适当增加阳极可以改善分散能力，但不能过多，若过多使阳极结构复杂，安装时很不方便。特别对于化工设备，在有限的容积空间内阴阳极交叉点多，绝缘也更加要求仔细严格。

②适当增大阴阳之间的距离。特别对于有限空间的化工设备中很难实行。

③增大被保护设备表面的阻力，例如涂刷涂料，可大大改善电流的分散能力。所以，涂料与阴极保护联合保护对设备即使复杂些也可能实施阴极保护。

目前世界公认涂料与阴极保护联合防护是一种最经济有效的防护方法。其中涂料的存在，使阴极保护的电流分散能力大大改善，同时也节约了电耗。而阴极保护的存在使大面积施工涂料不可避免的缺陷（如气孔、针眼、局部擦伤）处得到很好的保护，避免了单独涂装时产生严重的局部腐蚀使涂装失效。

阳极保护技术中的电流分布

阳极保护体上电流的分散能力较好，因为钝化后的表面有氧化膜的存在，这层膜的阻力较大，此时电流可以很好地继续分布到未钝化好的表面处（此处无膜，电阻小），最终可以达到完全钝化并维持。对于大型装置实施阳极保护的关键是，如何根据 $i_{致钝}$ 来选择可顺利进行致钝的电源容量和致钝方法。通常，阳极保护也与涂料联合防护，可以大大降低致钝时的电流。

45　实施阴极保护注意问题

（1）合理保护电位的选择

理论上讲，阴极保护的最小保护电位应选在腐蚀电池中阳极的平衡电位 $E_{e,a}$ 处，此时 $i_c \to 0$，即 $i_a = 0$，保护率达 100%。但实际的工程中，尤其是众多化工介质中，其腐蚀电位本来就较负，如再把电位负移至 $E_{e,a}$ 会引起很多副作用，因此必须进行合理保护电位选择。其选择原则：

①电位不能过负，当电位负移至 $-0.95V$ 时被保护设备表面就会开始出氢气，如果电位太负就出现氢损伤（过保护），如果是两性金属（如 Al 等）因阴极表面会呈显碱性，反而又加剧溶解，另外对涂层保护也不利。

②不单纯追求 100% 的保护效率，往往这样电能消耗太大，且不经济。

③当介质流动的情况下，如中性溶液中随着流动则腐蚀电位 E_c 会向正值移动，如果再按静态条件下选择，可能保护电位已过负。因此要在模拟的动态条件下测定腐蚀电位及电位向负移的规律，以确定合理的保护电位和电流。总之要求有一定高的保护效果，不产生过保护，节约电能为原则。

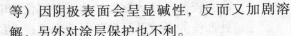

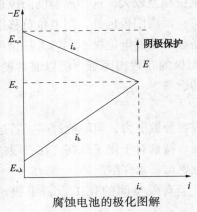

腐蚀电池的极化图解

（2）要以"最少的阳极数量和分布"使被保护设备获得最佳的电流分散能力，着力提高保护效率。对于实际的大型设备形状不是都很简单，因为电流有遮蔽能力，会使设备各部位的电流分布不均匀，电位极不相等，难以使保护成功。这就需要在模拟现场设备形状和条件下进行分散能力的测定来确定阳极的布置点，尤其对化工设备，安装空间所限，更要注意这项工作。

最好与涂层联合保护，这样既可改善电流的分散能力，又可弥补涂料施工中的缺陷，这是经济有效的联合。

（3）认真做好阴阳极交叉处的绝缘工作，特别对化工装备，在外加电流法中阴阳极交叉点较多，尤其要注意。在牺牲阳极的保护中虽然它与被保护设备要短路相接，但必须注意这个短路相接处的绝缘和屏蔽问题，否则电流排不出去，分布也极不均匀。

46 气相阴极保护

在被保护体外涂一层半导体涂料作为介质，以构成电流通路，再在涂料面上喷上一层炭层作为辅助阳极，可见辅助阳极和被保护体的面积几乎相等，解决了因介质涂料使阴阳极间距离太小造成电流分散能力不好的难题。

气相阴极保护在我国某化纤厂大气中（地上）的输油管线及某油田的大型储油罐（由于土壤中干湿不均，不能造成连续的电流回路）罐底已成功应用，其结构示意如图所示。

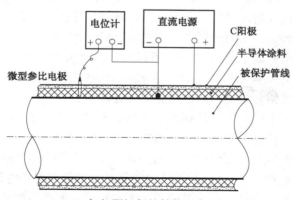

气相阴极保护结构示意

总之巧妙的构思，利用优势技术集成，填补了我国阴极保护这一个空白，保护效果很好，目前仍在使用中。

47 常用的牺牲阳极材料和辅助阳极材料

目前常用的牺牲阳极材料有：镁和镁合金，锌和锌合金及铝和铝合金

（1）镁和镁合金：其特点是密度小，具有较高的化学活泼性，电极电位很负；驱动电压大，对铁的驱动电压可达 0.6V 以上；理论电容量大，在镁阳极表面不易形成屏蔽性的保护膜。但镁能产生强烈的自腐蚀，所以阳极的电流效率低，一般只有 50%，这是它的最大缺点。

它适用于电阻率较高的介质中使用，例如镁阳极广泛使用于土壤及淡水中金属设施的保护，也适用于热水器的内保护和饮料水设备的保护，因镁的腐蚀产物无毒。镁阳极溶解时会析出氢，容易使附着的涂层破坏。这种阳极与钢撞击会产生火花，有爆炸危险，也限制了它在高安全性能区域的应用，例如，油轮内部的保护、敏感的易燃易爆区等特定场合是严禁使用的。

（2）锌和锌合金：锌相对于钢铁及常用的金属结构材料是负电性金属，锌的电极电位比镁正得多，对钢铁的驱动电压只有 0.25V。因此锌和锌合金系列的阳极不太适用于高电阻率的土壤和淡水中，通常多用于海水，某些化工介质和低电阻率的土壤或滩涂地。然而，锌的自腐蚀速度很低，尽管理论发生的电量较小，但它用作牺牲阳极的电流效率却很高，在海水中可达 95%，在土壤中也可达 65% 以上。而在热水中，由于锌的钝化倾向，不适宜作牺牲阳极使用。

目前锌阳极的应用仍较广泛，在海船外壳的牺牲阳极保护中，它约占 90%，在海船的内保护，特别是油轮舱内的保护时，锌及锌合金阳极是唯一的牺牲阳极材料。因为它们与钢结构撞击时不会产生火花。

（3）铝和铝合金：铝的密度小，理论电容量又大，但铝是自钝化金属，电流难以排出，故不宜做牺牲阳极材料。为充分利用铝的优点，通过加入 Zn、In 等元素使铝合金表面活化，大大改善了铝作为牺牲阳极的性能。总的来说铝合金牺牲阳极具有的优良性能：

①理论发生电量大，是锌的 3.6 倍，镁的 1.35 倍，由此相比较，铝合金阳极价格最便宜，宜制造长寿命阳极。

②在海水和含 Cl^- 介质中，阳极性能良好，具有较负的电位，约为 $-0.95 \sim 1.10V$（S.C.E），保护钢结构时具有自动调节保护电位的作用。

③密度小，质轻，运输、安装方便，对于需要严格控制载重的结构物来讲是一优选条件。

④来源丰富易得，制造工艺简单，价格低廉，是有发展前途的牺牲阳极的良好材料。

牺牲阳极法阴极保护的效果主要是由牺牲阳极材料的性能决定的，而牺牲阳极材料的性能主要取决于它们的化学成分和组织结构。

外加电流阳极保护中的辅助阳极材料

一般根据阳极的消耗率可分为可溶性阳极、微溶性阳极和不溶性阳极，常用的有：

（1）钢铁：是一种可溶性阳极材料，溶解性强，消耗大。一般只使用废旧钢铁作阳极材料，如废旧的管道、钢轨、钢桩、机器零部件等。它具有来源广泛，价格低廉而且容易加工等特点。工作电流约为 $10A/m^2$。

（2）高硅铸铁：是指含 Si 14.5% ~ 17% 的铁合金，是一种较好的微溶性阳极材料。在盐水、土壤、酸性和中性介质中耐蚀性较高。但其硬度大、质脆、易碎裂，不易加工和焊接，因而应用受到限制。作为阳极材料时，应在铸造时事先嵌入钢条或铜条，以便于连接导线。工作电流通常为 $55 ~ 100A/m^2$。

（3）铅银合金及铅铂复合阳极：当铅中加少量银（2% ~ 3%）时，有利于表面形成紧密的过氧化铅膜，阻止铅的进一步溶解，在一定的电流密度下（$100 ~ 150A/m^2$），在盐水、海水和含硫酸根离子的介质中使用。但在含碳酸根离子的溶液（如联碱生产）中，不宜使用。当电流密度大于 $200A/m^2$ 时使用时，无保护作用，使阳极腐蚀加剧。

为了提高铅银合金的工作电流密度，可在铅银合金表面嵌入铂丝（面积比Pt：Pb = 1：100 ~ 1：200），这种电极又称为铅铂复合电极。铂丝有利于过氧化铅薄膜形成，显著提高了阳极的排流量。

铅铂复合电极可在 $500 ~ 1000A/m^2$ 高电流密度下使用。

（4）镀铂钛：铂是一种理想的不溶性阳极材料。它能在很高的电流密度下长期工作，极化很小，腐蚀极微。但我国铂比较稀缺也较昂贵，应尽量节约使用。

钛是一种综合性能较好的材料，它强度高、密度小、耐蚀性好，加工性能也好。但由于它表面有一层 TiO_2 的氧化膜，在阳极状态下，这层膜的电阻很大，使导电发生困难而排不出电流，故它不能单独用来作辅助阳极材料。

在钛材表面镀一层极薄的铂（几个微米厚），其性能几乎与铂相仿。镀铂钛的优点很多，质轻、体积小，能在高电流密度（$1000A/m^2$）下长期工作，极化很小，消耗极微，安装使用十分简便，是一种排流量大、消耗低、寿命长、对环境不产生污染的新型阳极材料。已用于海水和化工介质的阳极保护中，但由于镀铂工艺较为麻烦，限制了它的广泛使用。目前国内有生产，它将有广阔的应用前景。

值得注意的是：应用镀铂钛阳极时，必须注意电压不能超过12V，否则镀铂层缺陷处钛氧化膜会被击穿，造成局部孔蚀而引起整个阳极的破坏。

此外镀铂钽比镀铂钛更稳定，不会产生孔蚀。其击穿电压为160V。但因钽更为稀有不易获得，而且价格昂贵，目前极少使用。

（5）铂合金：也是节约铂的一种方法。含10%铱的铂铱合金最稳定，抗蚀性超过铂。含40%铑的铂铑合金在酸中和在水中化学稳定性比铂还高。铂钯合金没有铂稳定，但钯的价格约为铂的 1/5~1/4，因此国外已用含钯 10%~20% 的铂钯合金作阳极。

阳极材料的选择需根据本国资源及技术条件和现场使用情况及腐蚀试验情况来确定。腐蚀试验应在阴极保护使用条件中的电流密度下进行。寻找一种理想的阳极材料仍是外加电流阴极保护应用成功的关键。

48 和其他防腐方法相比使用缓蚀剂技术的优点

（1）缓蚀剂是直接投加到腐蚀系统中去，操作简单，见效快，基本上不改变腐蚀环境，介质所到之处，如设备、管线阀门等部件均可获得整个系统的良好保护。

（2）缓蚀剂的效果不受设备形状的影响，基本上也不增加什么设备投资就可达到防腐目的。

（3）对于腐蚀环境的变化，可通过改变缓蚀剂种类或浓度来保持防腐效果。

（4）两种或多种缓蚀物质组合可同时防止多种金属在不同环境中的腐蚀。

工业生产中应用时对腐蚀剂的要求

虽然具有缓蚀作用的物质很多，缓蚀剂用来防腐的优点也很突出，但真正能用于工业生产的缓蚀剂品种是有限的。首先是商品缓蚀剂需有较高的缓蚀效率，价格合理，原料来源要广泛。此外具备工业使用价值的缓蚀剂应具有以下性能：

（1）投入腐蚀介质后能立即产生缓蚀效果，且具有良好的化学稳定性，以维持必要的使用寿命。

（2）在预处理浓度下形成的保护膜可被正常工艺条件下的低浓度缓蚀剂修复，不影响材料的物理、机械性能，具有良好的防止全面腐蚀和局部腐蚀的效果。

（3）对环境无污染，对生物低毒或无毒害作用。还应具有对工艺过程（如催化剂的活性）无影响和对产品的质量（如颜色、纯度）无影响。

对于不同工业环境，例如酸洗金属时用的、输送及长期储存用的、防大气腐蚀用的和工艺介质系统用的缓蚀剂还有特定的技术要求。

总之，用于工业的缓蚀剂，具有良好缓蚀性能只是满足了最基本的要求，要真正得到实际应用，还应同时符合各种技术要求。可见缓蚀剂的应用条件具有非常严格的选择性。要找到能满足要求的缓蚀剂必须经过种种实验，逐层筛选。因此获得一个成功应用的优良缓蚀剂，实属不易。

49　缓蚀剂在石油化工中的应用

（1）原油、天然气中常含有硫化氢、二氧化碳和水等腐蚀性介质，为防止储罐、输送管道和加工设备的腐蚀，可加的缓蚀剂有吡啶衍生物、咪唑啉、氢化松香胺、十六烷胺的亚油酸复合物、聚环氧乙烷、烷基胺等。

（2）原油中含有硫化物、氯化物、环烷酸等，对常减压蒸馏系统中常引起石油炼制设备的严重腐蚀。目前最好的防腐方法是去除原油中有害成分，用脱盐、注碱、注氨、注水和注缓蚀剂的"一脱四注"办法。其中所采用的缓蚀剂有咪唑啉衍生物、松香胺衍生物、长链胺和脂肪酸反应产物、酰胺和季铵盐等。

（3）为防止储油罐罐底积水部分金属的腐蚀，常用亚硝酸盐、硼砂、苯甲酸铵等，防止油相中金属的腐蚀常用戊基肌氨酸及其衍生物等油溶性缓蚀剂，为防止气相中的金属腐蚀常用亚硝酸二环己胺等气相缓蚀剂。若使用缓蚀剂和电化学保护联合防腐则效果更好。

（4）在尿素生产中，在原料 CO_2 气中加入少量氧解决了不锈钢在氨基甲酸铵溶液中的腐蚀问题，使尿素生产顺利实现工业化。

（5）炼油厂及合成氨厂常用热碳酸钾溶液脱除合成气中的 CO_2（称脱碳系统），碳钢设备在此介质中会发生严重的腐蚀甚至产生应力腐蚀破裂，加入偏钒酸钾或五氧化二钒缓蚀剂，可使腐蚀速度大大减小，同时也可抑制应力腐蚀破裂。

（6）烧碱生产中，常用铸铁锅熬制烧碱溶液成固碱，热浓碱液对铸铁有强烈的腐蚀，在其中加入 0.03% 左右的硝酸钠作为缓蚀剂，可显著降低铸铁锅的腐蚀和减少"碱脆"的发生。

（7）液氨对碳钢或低合金钢的腐蚀很小，可当含水量低于 0.05% 时，易使钢制设备产生应力腐蚀破裂。若加水使液氨中含水量超过 0.2% 时，可防止腐蚀破裂发生。

化工设备酸洗时缓蚀剂的应用

为了清除金属表面的腐蚀产物和垢，化工设备需定期清洗。在化学清洗过程中要求既能除垢又要保护设备，所以必须加缓蚀剂。清洗所用酸不同，所用的缓蚀剂也不同。

(1) 硫酸溶液缓蚀剂：由于硫酸价格较廉，而且可以回收，所以很早就被利用，至今仍然在酸洗中应用。一般来说，硫酸酸洗缓蚀剂可用有机胺和卤素离子复合物、炔醇硫脲衍生物、杂环化合物、乌洛托衍生物、二硫代氨基甲酸酯等。

(2) 盐酸酸洗缓蚀剂：盐酸对生成的盐类溶解性好，清洗后表面状态良好，无残留物，缓蚀剂有有机胺、乌洛托品及其与苯胺等缩合物。它是目前应用较广泛的一种酸洗方法。

(3) 硝酸酸洗缓蚀剂：已获工业应用的主要是 Lan 5 和 Lan 826 两种。Lan 826 缓蚀剂几乎对各种清洗用酸都适用，这类酸洗可以用于不锈钢设备的清洗。对于各种酸洗液中对铜及其合金的缓蚀，多采用苯并三唑。

(4) 普通清洗剂不能溶解尿素生产设备和核电设备内难溶污垢，目前已获工业应用的只有 EDTA 法和 Lan 257C 法，其中所用的缓蚀剂都是专用的。

50 电极电位测量的意义

尽管电极电位大小与金属的腐蚀速度之间没有简单的对应关系，但是电极电位是材料在介质中所处电化学状态的表征，它的测定在研究金属的腐蚀行为及分析腐蚀过程时都有重大意义。

(1) 电极电位随时间变化的典型曲线是一种判断腐蚀过程的重要方法：如电极电位的变化常常能反映金属表面膜的形成过程和稳定性、腐蚀速度是否稳定以及是否出现局部腐蚀等。一般说来，如果电位随时间的变化向"正"值方向移动，常表示保护膜是增强了；如电位随时间的变化向"负"值方向移动，常表明金属表面的保护膜破坏。通常全面腐蚀时，电位随时间的变化是缓慢的；若出现局部腐蚀时，电极电位会发生突变。

(2) 电极电位的测量是一种很有用的研究腐蚀的工具，已广泛应用于研究孔蚀、缝隙腐蚀、应力腐蚀开裂等局部腐蚀过程的鉴别和机理的研究。尤其是微区腐蚀电位的测量，在研究合金微观不均匀性对腐蚀的影响、孔蚀以及裂纹尖端的情况等方面都起着较大的作用。

在金属腐蚀测试中电极电位测量的两种类型

(1) 测量腐蚀体系的状态自腐蚀电位 E_c 以及 E_c 随时间的变化。这是体系在无外加电流作用下进行的测量。

(2) 测量金属在外加电流作用下的极化电位 E，包括恒电位及恒电流极化测量时电极电位的测定，以及恒电流条件下电位随时间的变化等。

电极电位测量中应注意的问题

（1）参比电极的选择使用：应尽量选择与腐蚀体系相应溶液的参比电极，以免不同离子的干扰，例如：

①试验介质为硫酸及硫酸盐溶液，应采用硫酸亚汞电极作参比。

②在含有氯离子的溶液中，应用甘汞电极和氯化银电极作参比。

特别注意在研究金属钝化行为时，不能用这类电极，避免 Cl^- 对钝化行为的破坏。

另外应注意在参比电极溶液与研究体系的溶液不同时，必须使用盐桥。

有时也用一些固体电极作参比电极，如锌电极，应当用纯 Zn，因为纯 Zn 的交换电流密度很高，放入溶液中后容易建立起接近平衡的电位，有一个较为稳定的电位值。

（2）测试系统的阻抗匹配

测量电极电位实际上是测量工作电极与参比电极组成的原电池的电动势。当测量回路中有电流通过时，工作电极和参比电极都会发生极化，使所测电位发生偏差，而且对参比电极也有损害。此外，测试系统中因溶液的内阻而产生的欧姆阻降，也会影响测试结果的准确性。因此，在测量电极电位时，为保证测量的精确性，要求测量仪器具有高的输入阻抗。只有这样，才能使通过测量回路中电流很小。由此造成极化就小，这样引入的误差也相应很小。原则上讲，输入阻抗越高的测量仪表，其测量精度也越高。但实际选用时，还应按经济实用为原则。

采用固体参比时，对仪表阻抗的要求可低些，若使用琼脂盐桥或用磨口旋塞隔开电极区以及在电导率很低的介质中测量，要求测试仪表的阻抗就高。测量体系和测试仪表的阻抗应相互匹配。

（3）溶液的欧姆压降

在测定自腐蚀电位时，没有外加极化电流，所以研究电极与参比电极或与带参比电极的盐桥之间的溶液不产生欧姆压降，也不会对电位造成测量误差。

在测极化电位时，被测电极与参比电极或带参比电极的盐桥之间的溶液由于极化回路中有外加电流的流过而产生欧姆压降，它会包括在实测电位中造成测量误差。

消除溶液欧姆压降的方法较多，主要是从测试系统上去改变。

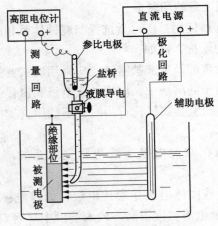

极化回路与测量回路的示意

①移动参比电极尖端位置，使其尽可能地接近被测工作电极。

②改进盐桥接近电极表面的毛细管的尺寸，减小毛细管端部与电极表面之间溶液的电阻以降低欧姆压降对电位测量的误差。但也要注意盐桥毛细管的位置和方向，防止对电极造成的遮盖效应。当毛细管过于接近金属表面时，会屏蔽电力线而扰乱工作电极表面的电场分布。常用毛细管内径为 $0.25 \sim 1$ mm，毛细管与被测电极表面的适宜距离为毛细管外径的 2 倍。

③从测量方法上也可考虑，如采用断电流法在电流间断的瞬间测量电极电位；或采用桥式电路消除欧姆压降等，另外还可从测量仪器上去考虑，用电子电路补偿欧姆压降。

可见，电极电位测量似乎很简单、很容易，也是最基本的一个电化学参数，但如果不重视上述问题，很容易得出不精确的数据，甚至造成数据错误，使腐蚀及其控制分析有误。

51 环境因素是影响金属腐蚀的外因，但对环境因素中的微小细节和可能变化，也不能忽视

(1) 含有某种化学成分的影响：例如，铜在去氧的稀硫酸中，耐蚀性很好，但如酸中含有少量溶解氧时，腐蚀显著增加；如溶液再流动，则腐蚀更严重。可见忽略了酸中溶解的微量氧，将会造成很大的危险性。又如氯离子是腐蚀的活性离子，几 mg/L 的氯离子（加上微量氧）甚至可引起 18 - 8 不锈钢的应力腐蚀破裂。可见，影响大的因素，即使只有微量，也决不能忽视。

（2）环境温度的变化的影响，例如 1Cr13 不锈钢与碳钢在面积相同的情况下在炼油塔的介质中接触，（该介质中主要含少量硫的汽油与水的混合液）1Cr13 是阴极而钢是阳极受到腐蚀，当加热介质到 120℃时，随着腐蚀进行碳钢表面生成了一层非常致密的高阻硫化膜，二者极性倒转，碳钢成了阴极而 1Cr13 不锈钢成了阳极反受腐蚀。又如一些列管式热交换器设备，当气体进口温度较低时，由于气体中水汽会凝结成水，使原来腐蚀较轻微的化学腐蚀变成了腐蚀严重的电化学腐蚀。

（3）溶液浓度的变化影响；如存放浓硫酸的碳钢槽和管道，耐蚀性尚好（由于钝化）。因停车，将酸排空放置，由于槽和管道壁上黏附的酸吸收了大气中的水分而变稀，成了非氧化性酸，致使碳钢槽和管道发生了严重的腐蚀。处理的办法，要么让设备内保持充满浓 H_2SO_4，要么酸排空后清洗干净放置。可见，应根据有影响的变化情况应对腐蚀。

（4）生产中开车和停车状态与正常运行不同，开车时条件尚未稳定，温度、溶液都会有波动所以应先做好防腐预案，准备开车。停车时，积存的腐蚀性液体会造成隐患，故应做好停车后防腐处理方案，进行停保。

52 微生物影响腐蚀的主要方式

（1）新陈代谢产物的作用。细菌产生的代谢产物，如硫酸、有机酸和硫化物等，恶化环境，加剧腐蚀。

（2）生命活动影响电极反应动力学过程。原来环境中无氧存在，不可能有去极化反应，但如有厌氧性硫酸盐还原菌的活动，则会产生出硫化物及硫化氢等，对腐蚀的阴极去极化过程起促进作用。

（3）使环境中的氧浓度、盐溶液、pH 值等改变，导致金属表面形成局部腐蚀电池。

（4）破坏金属表面有保护性的非金属覆盖层或缓蚀剂的稳定性。

微生物腐蚀的形貌特征

（1）在金属表面伴有黏泥的沉积。许多细菌能分泌黏液，黏液与介质中的土粒、矿物质、死亡菌体、藻类和腐蚀产物形成黏泥，从而加剧腐蚀。

（2）腐蚀部位总带有孔蚀迹象。这是由于在黏泥的覆盖下，局部金属表面成贫氧区，从而引起供氧差异电池，最终形成严重的局部腐蚀。

微生物腐蚀的发生范围：主要根据微生物的习性及存在场所而确定。

（1）喜氧性菌

①铁细菌，主要存在于中性含有机物和可溶性铁盐的水、土壤及锈层

中，细菌参与反应产生的高价铁盐氧化力很强，可把硫化物氧化成硫酸，使腐蚀加剧。

②硫氧化菌，经常存在于水泥、污水及土壤中，它可把单质硫、硫代硫酸盐氧化成硫酸使腐蚀剧烈。如果在腐蚀环境中发现有高浓度硫酸，又找不到其来源时，就值得怀疑这类细菌的存在。

（2）厌氧性硫酸盐还原菌

广泛存在于中性土壤、河水、海水、油井、港湾及锈层中。生活污水或工业废水中的大量有机物，为它的繁殖提供了有利条件。这类菌最易在死水区发生，在金属表面的附着物或腐蚀产物层下这样的缺氧区也易发生，它所造成的腐蚀一般呈局部腐蚀。其腐蚀产物多是黑色并带有难闻气味的硫化物。

微生物（细菌）腐蚀的控制途径

目前尚无特效方法完全消灭微生物及引起的腐蚀，一般多采用联合控制方法。

（1）用杀菌剂或抑菌剂，所用药剂应具有高效、低毒或无毒、稳定、无腐蚀性等特点。常用的氧化性杀菌剂是通氯，可杀灭多种菌类，残留氯含量一般控制在 $0.1 \sim 1\mu g/g$。另外常用的非氧化性杀菌剂是季铵盐，其中以长碳链的季铵盐洁尔灭（十二烷基二甲基苄基氯化铵）和新洁尔灭（十二烷基二甲基苄基溴化铵）的使用较为广泛。它的杀生作用并不是最强，但由于其毒性小，成本低，具有较好的杀生灭藻性能，同时它还有缓蚀作用、剥离黏泥的作用和除去水中臭味的功能。

（2）改变环境条件，抑制细菌的生长。提高 pH 值（pH > 9）、温度（> 50℃）能有效抑制细菌生长，采用曝气处理和改善环境通气条件，可减轻硫酸盐还原菌腐蚀。

（3）表面覆盖层防护，包括非金属（如环氧涂层、聚乙烯涂层等）和金属覆盖层（如镀 Zn、Cr 等）。

（4）采用阴极保护与涂层相结合的联合防护是一种经济有效的方法。

53 焊接对腐蚀的影响

（1）焊接缺陷的影响：对腐蚀影响较大的焊接表面缺陷有焊瘤、咬边和喷溅及根部未焊透等。焊瘤［图中（a）］与母材间会形成缝隙，也可以形成应力集中。未焊透［图中（b）］的焊缝造成的缝隙和孔洞也能形成缝隙腐蚀。咬边［图中（c）、（d）］是形成应力集中的根源，它的凹陷处也会形成缝隙腐蚀。另外喷溅是熔融金属的小颗粒飞散后附着在母材表面，喷溅和母材间也会形成缝隙而引起沉积物腐蚀等。

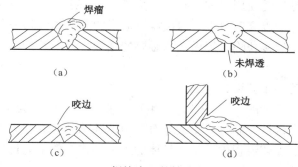

焊接表面的缺陷

因此，设计时，应规定合理的焊接工艺，焊后必须对焊缝进行仔细的打磨除去喷溅物等，可显著改善焊缝的抗缝隙和应力腐蚀的性能。

（2）焊接热影响区组织变化的影响：在焊接过程中，靠近焊缝近处的基体金属很快被加热到高温，而后又慢慢冷却下来。随着与焊缝距离不等，基体金属上各部分的被加热的温度、冷却速度也就不同。因此，各部分的组织也就不同。靠焊缝近处，高温停留时间长，晶粒变得粗大，而且组织不均匀，因而其机械性能与耐蚀性能都不太好。热影响区的大小，对金属的性能影响密切相关。一般热影响区越小，焊接时产生内应力越大，易出现裂缝。相反，热影响区越大，减小了热应力。所以，焊接时产生的内应力在不足以形成裂缝的条件下，使热影响区越小越好。

（3）焊接对不锈钢耐蚀性能的影响：对于奥氏体不锈钢，在焊接过程中，焊缝附近产生高温粗晶区，而在 $600 \sim 850℃$ 的温度区内，沿晶界会析出碳化铬，使处于敏化温度范围内的焊缝热影响区会发生晶间腐蚀，又称焊缝热影响腐蚀。对于稳化处理过的不锈钢在靠近焊缝处，有时也产生刀状腐蚀。对于铁素体不锈钢焊接时，由于在融合处母材晶粒长大，使焊接接头韧性降低。由于铁素体不锈钢敏化温度在 $925℃$ 以上，所以在邻近熔合线处可产生刀状腐蚀。

（4）焊接残余应力对应力腐蚀的影响：由于焊接时的局部加热和焊缝金属的收缩而引起的内应力称为焊接残余应力。其数值通常是很高的，最大值甚至可接近板材的屈服极限。如处在特定介质中，就可能引起焊缝区的应力腐蚀破裂。尤其是将冷加工而使屈服限升高的不锈钢板材进行焊接时，焊缝残余应力能上升到已经提高了的屈服极限左右，这时的应力腐蚀有可能处于更危险的状态。

可见，焊接是广泛使用的加工技术，而它又可能造成多种潜在的腐蚀问题，所以设计时应予以高度重视。焊接需要适当的方法和焊接材料，并按规范认真操作，防止焊接缺陷，焊后进行必要的处理，以消除产生对材料耐蚀有害的影响。

54 腐蚀控制合理的工艺设计

实际的生产是复杂的，尤其是化工生产，实践已表明：为了实现工艺流程，设备的选材、设计、制造、安装等对其耐蚀性能都会有很大的影响，因为设备是在一定的工艺流程中，是在具体的工艺操作参数下运行的。所以说"腐蚀是发生在设备上，但根子往往都在工艺上"。

事实上，腐蚀问题与化工工艺流程密不可分，如果不考虑腐蚀问题的工艺流程和布置则很可能在生产运行中造成许多难以解决的腐蚀问题。因此，在化工工艺设计的同时，必须充分考虑腐蚀发生的可能性及腐蚀的控制途径。对于一个重大工程应该是工艺师、设备师及腐蚀工程师三者结合共同设计才好，否则，防腐问题解决不了，再先进的新技术、新工艺也无法实现。例如，甲醇低压羰基化制乙酸工艺，实验室试验早已完成，但苦于主反应器的腐蚀条件极为苛刻，使工业化无法实现。

采用对腐蚀控制有利的或能消除对腐蚀有害因素的工艺设计，同样是控制腐蚀的重要途径。例如：

（1）氯碱生产中增设了氯气的干燥处理

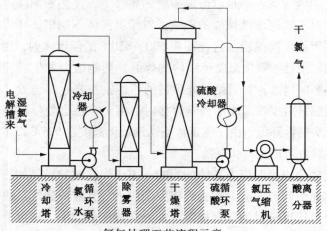

氯气处理工艺流程示意

在氯碱生产中，为了防腐增设了氯气干燥处理工艺。要知道，常温干燥的氯气和氯化氢气体，对金属只引起很轻微的腐蚀，而带有水蒸气的湿氯气会发生水解而生成盐酸和次氯酸，次氯酸又可分解放出新生态氯，这些介质的腐蚀性极强。为了避免从电解工段出来的湿氯气，对后序各种氯加工系统中产生难以解决的腐蚀问题，故增设了氯气干燥处理工艺。通常用浓硫酸作为干燥剂以除去湿氯气中的水分。可见这不是产品所需，而完全是为了防腐的需要。

（2）在生产过程中消除对腐蚀有害的成分也是防腐蚀的重要途径。例如，炼油厂常减压系统中采用的"一脱四注"工艺防腐技术。

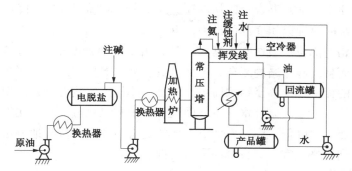

炼油厂常减压系统流程及"一脱四注"示意图

在常减压系统中，腐蚀的主要部位在常压塔顶馏出系统的挥发线、空冷器进口和出口。当塔顶温度控制在120℃左右时，空冷器进口处为油水混合液相，腐蚀比较严重。回流罐油出口为液相，有腐蚀但比空冷器出口轻得多。这说明水相腐蚀比油相腐蚀严重得多，气相腐蚀则不明显。当塔顶温度控制在102℃左右时，由于温度较低，馏出物在空冷器进口就有水凝结出来，即在空冷器进口水汽发生相变（指水的相变），腐蚀较出口要严重。

原油中的杂质盐类，在操作温度下水解成氯化氢，而原油中的硫化物受热分解生成硫化氢，在常压蒸馏塔中硫化氢及氯化氢由塔顶出来而引起塔顶系统的严重腐蚀。可见常减压塔顶的腐蚀主要是 $HCl - H_2S - H_2O$ 系统腐蚀，采取了"一脱四注"工艺防腐措施，较好地解决了这一难题。

①脱盐：其目的是去除原油中引起腐蚀的盐类（主要是无机盐类）。

②注碱：经脱盐后，残留的部分无机盐仍能继续水解生成氯化氢，使塔顶系统仍能发生强烈腐蚀，因此脱盐后要注碱。碱的作用一是：继续控制残留无机盐的水解，使 HCl 发生量减小。二是：如一旦水解能

中和一部分生成的 HCl。另外，在碱性条件下，也能减轻高温重油中的 $S - H_2S - RSH$ 和环烷酸的腐蚀作用。

③注氨和注缓蚀剂：脱盐、注碱不能完全抑制的一部分氯化氢气体，可在挥发线用注氨来中和。此时生成的 NH_4Cl，如果低于 350℃ 时会以固体沉积，这不仅造成氯化铵堵塞塔盘，还易造成沉积物腐蚀，因此不仅要严格控制注氨量不能过量，同时加注缓蚀剂可减轻严重的局部腐蚀。如果不加注氨和缓蚀剂，空冷器入口处腐蚀会非常严重。

④注水：油水混合气体从塔顶进入挥发线时随温度逐渐降低，故塔顶系统的腐蚀以相变部位最为严重。

相变部位一般在空冷器入口处，由于空冷器壁很薄，容易腐蚀穿透，而且空冷器结构复杂，价格昂贵。为了保护空冷器，要将腐蚀最严重的相变部位移至结构简单、而且壁厚的挥发线部分，采用了在挥发线注入大量的碱性水，一方面进一步中和氯化氢防止氯化铵的堵塞，从而大大降低了腐蚀率，更重要的是将腐蚀最严重的地方由空冷器转移到价格便宜、又较容易更换的挥发线。

55 严格的科学管理至关重要

在腐蚀防护工作中，严格的科学管理至少应包括下列几部分工作，最好有专人负责。

(1) 重大生产设备、装置应建立有关防护的技术档案。

清楚记录设备使用的材质、加工质量、有否防腐措施、使用介质、生产运行的条件等。检修记录（腐蚀状态观测、检修项目、检修方法等），积累相关腐蚀和防腐资料，以便进一步搞好防护工作。

(2) 严格工艺操作、设备运行以免腐蚀事故的发生。

设备的选材、结构和强度设计都是以工艺设计为前提，又必须与腐蚀控制要求相结合。尤其是新技术、新工艺的开发，往往会采用更强化的工艺参数，因而也意味着更严酷的腐蚀条件。工艺操作参数是设备所处的腐蚀环境参数，因此兼顾工艺要求和腐蚀控制要求的工艺参数是否恰当、操作是否平稳、维护是否良好，都会影响到设备的耐蚀性能和使用寿命。必须要规范操作规程，工艺参数的指标应在设备材料耐蚀环境条件范围内。在设备运行中，如果工艺参数大幅度波动，将使腐蚀环境严重恶化，腐蚀破坏加速，甚至导致设备穿孔、破裂等酿成大事故。例如某维尼纶厂的乙酸提浓塔，是生产中的一个重要设备，进料为 50% 左右浓度的无氧乙酸，塔釜为 96% 以上浓度的浓乙酸，介质呈还原性。

塔内温度为 $92 \sim 123℃$ ，塔体和筛板材质用纯铜。投产后由于操作波动大，开停车频繁，使物料中带进了一定的氧，导致了铜的严重腐蚀，使用不到两年，塔体多处腐蚀穿漏，下部塔板被腐蚀殆尽。因为铜在无氧的还原性乙酸介质中，耐蚀性优良。后来，严格操作运行，保持操作平稳，腐蚀情况得到了明显改善。

另外，当原料来源改变、工艺水质改变时，要分析弄清原料成分的变化以及是否含有对腐蚀有害的杂质等，应掌握变化，事先采取措施，以防患未然，保持生产过程的平稳正常。

（3）制订正确的开工、停车程序，以减轻对设备造成的腐蚀危害。

通常的设计主要顾及的是正常操作时工艺参数，而开工 - 停工过程由于操作波动，往往会出现异常情况，很容易出现对设备造成正常操作中没有的腐蚀问题。

开车时应有防腐预案，其原则是：在工艺生产开车的同时，应先做好防腐工作，迎接生产工艺的全面开车运行。而开车时，工艺也要配合防腐共同做好开车程序。例如其中某设备实施阳极保护技术，此时设备中的介质应尽量不要流动，不要通气，使阳极钝化操作更容易，等钝化稳定后，再使工艺全面开车运行。然后努力保持操作平稳，避免工艺参数长时间超标，以防对腐蚀不利的影响。

停工时，要注意对设备内的存液、废渣、废气、废水即时排放干净，对有些设备（如锅炉等）在停工期间还要注入停保剂（缓蚀剂或惰性气体）以免生锈，对停工后需要清洗的设备，要严格按操作程序进行。例如，浓硫酸设备把酸排空后必须用水清洗干净，否则浓硫酸的吸湿性很强，会使浓酸很快变成稀酸，大大加剧了腐蚀。而对不锈钢和钛制热交换器管子表面垢层清洗时，切记不能用钢丝刷或铁制工具硬性刮擦，以免造成表面铁污染，导致严重的局部腐蚀。

（4）对于使用防护技术的设备，良好的腐蚀控制和维护是发挥最佳保护效果的有力保证。

有覆盖层的设备（尤其是非金属衬里的设备），要防止温度的急剧变化、强烈的机械振动，禁止敲打和施焊，以免影响覆盖层和基体的结合，造成覆盖层的破裂、变形和脱落。

使用缓蚀剂防护的设备要严格控制缓蚀剂的浓度和使用条件，尤其对于氧化型的缓蚀剂，浓度过高与不足，都会使腐蚀增大，而且，浓度过低时，不仅不缓蚀，反而会加剧腐蚀。

对采用电化学保护的设备，要进行严格的电位控制，应使设备的电位经常处于最佳保护状态。特别是对阳极保护，技术要求高，最好有专人管理，要保证控制被保护设备的电位处于稳定钝化区。防止局部表面活化引起全设备活化而进行着严重的电解腐蚀，而且反复的钝化和活化操作会导致设备很快腐蚀穿漏。

（5）在设备正常运行期间，要注意观察腐蚀情况，并做好记录，以分析设备腐蚀状态，为改进耐蚀材料、防腐设计和防护技术积累充分材料。如尽早发现腐蚀迹象，可以及时采取补救措施，避免突发的腐蚀破坏事故。可见，面对生产实践，涉及的腐蚀问题各种各样，单靠任何一个专业的设计者来完成是很困难的，因此工程设计人员要与腐蚀控制的设计者相结合，密切合作，真正把腐蚀及其控制的基本理论和必要的知识渗透到工程设计中去，定能搞好防护工作。

第五部分 腐蚀典型实例解析

腐蚀典型实例

1　大型海水输送泵的严重磨损腐蚀

2　某化肥厂引进 30 万吨/年合成氨生产系统碳化塔的腐蚀事故

3　大型料液碳钢储存槽的腐蚀问题

4　某房地产公司引进美国某公司燃气采暖炉的换热器的腐蚀事故

5　水压试验中 Cl^- 的隐患造成大型不锈钢塔器的腐蚀

6　某食品厂的一条机动运输线上，一个不锈钢支持轴突发断裂的事故

7　某炼油厂不锈钢空冷器的腐蚀断裂问题

8　西南地区石刻文物表面贴金层的腐蚀问题

9　"海砂屋"的腐蚀

10　核电站放射性物质泄漏与腐蚀

典型实例的解析

1 某化学工业公司的冷却系统中，大型海水输送泵（碳钢）腐蚀非常严重，泵叶轮3个月左右就腐蚀报废，泵壳的出口分水角处两年多时间竟腐蚀掉8cm，导致泵因打水的扬程上不去而整个泵体报废。对此曾采用过金属喷涂、有机涂料、涂装等防护措施，均无效，甚至发生过涂层局部整块脱落堵住泵出口而紧急停车，严重影响生产的正常运行。

（1）腐蚀原因的分析

海水输送泵的腐蚀是材料在高速运动的介质中的一种磨损腐蚀。它之所以腐蚀如此严重，实质上是流体动力学因素和腐蚀电化学因素相互促进、协同加剧所致。

对海水输送泵磨损腐蚀机制进一步的揭示表明：在流动介质中电导率较大的情况下（如海水），上述二因素协同作用中仍以腐蚀电化学因素为主导作用，而流体动力学的作用也不能忽视。它对腐蚀有两种作用：质量传递效应和表面切应力效应，特别在多相流中影响更为强烈。

研究表明：静态或流速较低时，腐蚀速度往往主要由去极化剂的传质过程控制。流速较高时，流体对材料表面的剪切应力加大，使表面膜破坏，导致腐蚀加剧，同时流体中的传质过程加速，使二因素间的协同效应强化。由于海水导电好，即使流速很高仍然是电化学因素起主要作用，在这种情况下，如果将电化学因素减弱或抑制掉，则协同效应将大大削弱，磨损腐蚀也就急速降低。

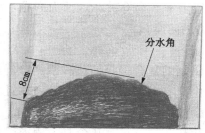

未保护时使用半年就有明显的腐蚀缺损，2.5～3年腐蚀严重凹陷缺损达8cm（报废）

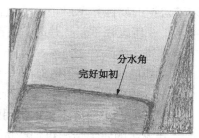

阴极保护+涂料联合防护后，泵出口的分水角处完好如初，涂料也未见任何损伤剥落

（2） 海水输送泵的防护

根据上述机理的研究和揭示：利用阴极保护可大大降低泵的磨损腐蚀。据此，对该公司现场大型海水输送泵进行了铝合金牺牲阳极的阴极保护和涂料联合保护获得了成功，其保护效率达 90% 以上。该方法设计、施工精细但简便，经济、高效，运行安全，无需专人操作，为多年来困扰工厂的腐蚀难题开辟了一条防护的新路。该技术达国际先进水平。

可见：阴极保护技术不仅适用于静态设备的防护，而且对于在高速流动介质中设备的磨损腐蚀也不失为一种经济高效的防腐方法。

2 某化肥厂引进国外 30 万吨/年合成氨生产系统，其中的碳化塔是采用钒缓蚀剂防腐，而且，该厂的技术人员及重要的操作岗位人员都曾去国外培训过。技术要求生产过程中必须严格控制一定的 V^{5+}/V^{3+} 比值，否则防护无效，反而腐蚀严重。

（1） 事故原因

操作人员只注意生产工艺的操作，而对缓蚀剂防腐的控制参数理解不透和注意不够，竟使得该碳化塔生产液中的 V^{5+}/V^{3+} 比例失调达一星期之久，技术负责人也未注意，造成全塔腐蚀惨重，捣出来的腐蚀产物竟达 1 吨之多。全厂停产抢修达一个月之久，造成的经济损失巨大。

（2） 教训

再好技术，不精心操作、维护和控制都是无效的。再先进的生产工艺、先进技术，如果腐蚀没有解决，也是无法在工程上实现的。

总之，防腐蚀不是可有可无，它是为生产保驾护航的，如果只单纯追求产量，而不顾设备的腐蚀，是不可能使生产正常运行的。因此，必须真心重视腐蚀问题，并落到实处，重大设备的腐蚀问题及防护技术最好有专人负责并进行严格的科学管理，才能真正做好防护工作。

3 某工厂原有上百个普通钢制的大槽，内壁用酚醛烤漆涂覆，虽然槽中处理的溶液对钢的腐蚀并不严重，但底部的涂层由于磨损有破坏。因为产品不允许铁污染，所以在重新扩建时，要改进设备的防腐。

（1） 改进方案

在新槽的底部改用 18－8 不锈钢与碳钢的复合钢板，顶和槽侧壁仍是钢制，与底焊接而成，如图所示。槽内只有钢制部分、焊接处和靠近焊接附近的一小部分不锈钢仍用酚醛漆涂覆。

新方案的腐蚀情况更加严重，大槽新开车后，只有几个月，槽内壁焊缝以上的碳钢部分腐蚀穿孔而不能使用。过去全部用钢制用了十几年也未

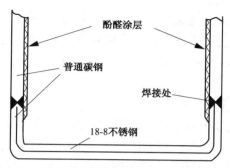

钢和 18 −8 不锈钢复合钢板槽底的焊接结构和涂层情况

发生过这样的问题。起初认为是焊缝附近的涂层施工不好，导致穿漏。因此，再次喷砂清除粘附涂料（比原先新的表面喷砂除锈的费用更高），再次涂漆。结果使用不久，槽仍然又被很快腐蚀穿漏。

（2）腐蚀原因分析

这一事故的真实原因在于电偶腐蚀中不利的面积效应。要知道，涂料一般都是可渗透的，而大面积进行涂层施工时，不可能不存在某些缺陷（如气孔、针眼和擦伤等），这些小孔部位露出了新槽侧壁碳钢基体，而碳钢相对 18 −8 不锈钢的电位较负是阳极，而不锈钢为阴极又没有涂料覆盖，这就产生了小阳极 − 大阴极这种危险的腐蚀结构，以致引起阳极电流高度集中，电流密度很大，腐蚀率很高，导致较短时间内腐蚀穿孔。而且随着 $S_{阴}/S_{阳}$ 面积比增大，这种效应越强化，腐蚀率更大，很危险。

（3）改进防腐蚀措施的建议

①如有可能实现整体换成 18 −8 不锈钢复合钢板更好。

②像新方案的这种结构，应将酚醛漆层涂在不锈钢复合钢板上、焊接处及靠焊接处上方的小部分碳钢上。这样造成了大阳极 − 小阴极的结构（如图），会大大减轻碳钢部分的腐蚀。

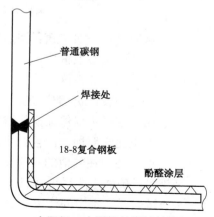

大阳级 − 小阴极的腐蚀结构

因此，在进行防腐方案设计时，如果是两种不同材料必须组成的电偶情况时，"涂料应涂在较贵（电位校正）的材料上"。

4 北京某房地产公司建造的豪华公寓，每套均独立采暖，购买了美国某公司的大型燃气采暖炉。美国供货商保证使用寿命为 15 年，然而这种采暖炉只用了 3 年多，其中的换热器就因腐蚀穿漏，燃气窜入卧室，造成了人身伤亡的重大事故。

（1）事故原因的分析

该采暖炉原设计中排出烟气的温度较高，热交换器中没有水的冷凝，属化学腐蚀，腐蚀轻微。而生产商为了提高热效率，将其中换热器的排出烟气温度降至 30 ~ 50℃，以提高热效率，同时为防腐蚀也将换热器的材质档次提高，采用了 304L 不锈钢，以保证使用寿命为 15 年。

经事故的检测和分析，由于降低了烟气排出温度，造成换热器管内有冷凝液产生，使化学腐蚀转成了严重的电化学腐蚀，烟气中又有杂质 Cl^- 和 S^{2-} 并溶于冷凝液中，从而加剧了不锈钢的腐蚀。尽管夏季炉子不工作，可换热气器中的潮湿状态仍保持着严重的腐蚀，且 Cl^- 是腐蚀的激发剂，它能破坏不锈钢的钝化膜。因此，采暖炉只使用 3 年多的时间，就导致不锈钢换热器（尤其在弯管部位）发生孔蚀而穿漏（见下图）。

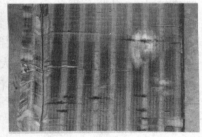

采暖炉不锈钢换热器的腐蚀形貌

这完全是一项"盲目追求热利用率的错误设计和防护选材的错误"而造成的严重腐蚀事故。

（2）改善腐蚀的建议

正确的设计仍然应使烟气排出温度提高，不能使换热口管内有水的凝结，这样不仅保证换热器管内仍保持着轻微的化学腐蚀，不致转成严重的电化学腐蚀，而且换热器用材的档次还可降低。这仍然是一种防护的好方法，在其他的一些场合也适用。

5 某染料厂硫酸生产系统从日本购置了 2 台大型不锈钢塔器，供货商告知进行水压试验时，水中的氯离子必须小于 1mg/L。当时大家都不理解，苦心思索也不清楚，最后决定仍用普通自来水（含 Cl^- 16 ~ 20mg/L）进行了水压试验。

试验后放在室外仓库，2 个月后开始安装，发现所有焊缝处全部开裂而完全报废，只能又重新购买了 2 台，经济损失很大。

（1）腐蚀原因分析

主要没有考虑室外气候的条件。由于试压后没有及时安装及开车运行，放在室外，塔内水的蒸发，致使塔内缝隙、死角处 Cl⁻ 的高度浓缩，最终发生了应力腐蚀破裂。如果当时试压后，及时安装，继而运行，也许会避免这一事故。

（2）教训

事故使大家真正理解，影响腐蚀的因素复杂。尤其是外界环境，条件的变化对腐蚀的影响或留下的隐患须特别注意。今后切记**"不锈钢设备水压试验时，水中氯离子含量必须小于 1mg/L，这是使不锈钢设备不会发生腐蚀的安全限度"**。

6 某食品厂有一条机动运输线，它的一个滚筒的支持轴直径 10cm、长 3m，为 316L 型不锈钢制，某天突然发生断裂，从一端掉落下，险些伤了操作人员。

（1）断裂发生的原因

初步观察发现在轴的破断处及其附近有焊珠。原来是在事故发生的前几天，在该轴上方曾进行过碳钢结构的焊接，当时焊珠落到了轴上，没有及时发现，也没有清理。

经检测分析，由于焊珠对轴的局部加热产生了应力，熔化的焊珠又使轴表面的合金组织局部被稀释。碳钢焊珠生锈形成了腐蚀产物，使其下面的腐蚀条件强化。在应力和局部环境的作用下，被稀释的局部区域产生了腐蚀裂纹，裂纹的继续发展又造成负载的偏心和局部应力的高度集中，同时在外循环应力作用下轴又产生了机械疲劳。应力腐蚀、机械疲劳的联合，使轴的强度大大丧失，最后发生破断。

（2）特别注意

这个事故告诫人们，在高处进行焊接时，高温焊珠从高处四面飞溅是危险的。它不仅可能造成对人员的伤害，而且也会造成对设备的损坏，例如可将控制阀等的塑料薄膜管烧出孔，甚至可能引起火灾等。同时也尤其表明了奥氏体不锈钢对产生局部腐蚀，如孔蚀、缝隙腐蚀、应力腐蚀等的敏感。因此，不管是在运行期间，还是在检修期间，都要避免无关的物质和不锈钢的机械和设备相接触，以免引起不应有的腐蚀事故。一旦这种情况已经发生，就应及时认真检查受影响的程度，以确定是否需采取必要的补救措施，以防危险事态的发生。

7 某石油化工厂炼油装置常压塔顶空冷器的腐蚀问题

原空冷器使用碳钢材质并辅助工艺防腐措施，但腐蚀控制仍不理想，空冷器管束局部部位 1 年穿孔。后将 2 台空冷器全部更换采用了 00Cr18Ni5Mn3Si2 双相不锈钢管，结果仅用了 4 个月一些空冷器的管子出现了脆性断裂。

（1）腐蚀断裂情况

①空冷器的结构和工作介质条件

空冷器为 9m×3m 封闭式管箱二管程，换热面积为 1000m² 的非标准设备。管子尺寸为 ϕ25mm×2.5mm×9000mm，6m 定尺管接 3m 短管焊接。管内通过由常压塔顶出来的含氯化物、硫化氢的油气相介质，入口温度 100～110℃。经空气冷却后，出口时为油气液混合介质，出口温度为 85℃左右，露点在空冷器中。

②空冷器管束的破裂情况

这两台设备投产运行，2 个星期后就发现有管子产生了裂纹，随后其他管子继续出现渗漏，4 个月后检查了 94 根管子中有 14 根有裂纹，被迫停用检查。

经现场用磁铁检验，破裂的管子全部为无磁性的不锈钢，经金相检验其组织为奥氏体，根据 EDAX（X 射线能量色散分析仪）分析结果判定为 1Cr18Ni9Ti 管。证明上述 94 根管中错用材料有很多根，可见，大多数为双相不锈钢 6m 定尺管接了 1Cr18Ni9Ti 的短管。由于 00Cr18Ni5Mo3Si2 双相不锈钢与 1Cr18Ni9Ti 钢的热膨胀系数差异较大，在设备使用受热过程中产生不均匀的膨胀，导致设备外形扭曲变形，空冷器管箱横向飘曲度达 20mm，中心空冷器伸长最大其飘曲度可达 35mm，说明破裂管承受了较大的应力。

（2）破裂管的宏观和微观检查

对破坏的断口进行宏观检查，采用金相和 SEM（扫描电子显微镜）进行微观检测，并对腐蚀产物进行分析。

①宏观检查表明：管子的破裂是由于横向裂纹发展造成的，断口呈锯齿状，断裂部位无塑形变形，为明显的脆性断裂，在管子的内表面可看到密集的孔蚀坑。

②微观检查：光学显微镜的观察看出裂纹都是从管内壁形成，然后向外壁扩展。有的裂纹已穿透管壁，发生了断裂。裂纹一般较深，而宽度相对较窄，基本与所受应力的方向垂直，有些裂纹明显以孔蚀为先导而产生的。所有裂缝都具有典型的穿晶应力腐蚀裂纹的特征。扫描电

镜的观察表明，断口有两种截然不同的特征，从管内壁开始近于 1/2 的截面面积部位呈明显的条纹腐蚀，其余从中部至外壁为山形形貌的断口，具有脆性断口特征，断口上可见到坑蚀。

③腐蚀产物的分析表明，近于管内壁断口呈条状的腐蚀部位有大量的 NiS 产物，没有发现氯离子，但在近于管外壁应力腐蚀裂纹尖端处则有较多的氯离子聚集。

（3）断裂原因的综合分析

根据空冷器管介质条件（主要是含 $HCl-H_2S-H_2O$ 的油气液混合介质）及断口的宏观、微观检查以及腐蚀产物的分析，可以认为 1Cr18Ni9Ti 钢的空冷器管破裂主要是应力腐蚀破裂造成的。在开始时，近于管内壁的部位主要是由于 H_2S 造成的应力腐蚀破裂（此部位经分析硫含量高达 18%，而 Ni 含量高达 25%），但此时的裂纹扩展并不十分迅速，同时还伴有一般的腐蚀，成为条状形貌的断口。随着腐蚀的进行，Cl^- 沿着 H_2S 腐蚀通道进入裂纹尖端，并浓缩与聚集（经分析 Cl^- 的浓度竟高达 1%）。因此空冷器管破裂原因不是如常见的单一 Cl^- 的应力腐蚀破裂而造成的，而是在复杂介质中，同时由 H_2S、Cl^- 共同造成，并且以 H_2S 腐蚀为先导，最终导致 Cl^- 的应力腐蚀破裂。

（4）建议

①常压塔顶空冷管由于错用了 1Cr18Ni9Ti 钢管而产生了 H_2S 和 Cl^- 的应力腐蚀破裂。可见腐蚀工作必须要实行严格的科学管理。

②00CR18Ni5Mo3Si2 双相钢具有较好的耐 H_2S、Cl^- 的应力腐蚀破裂性能，宜于作空冷器的管材。

8 目前，我国西南地区古代石刻贴金层文物的保存状态不佳，由于长时间受贴金材料、贴金层工艺及环境等因素的影响，贴金层腐蚀破坏严重，极大地损害了石刻造像的形象及艺术价值。

（1）贴金工艺

①贴近层的结构如图所示，首先是在岩石上打地仗（该层是为了使贴金层平滑，易于施工）；然后刷金胶漆（它是黏结剂，为了使金箔能粘

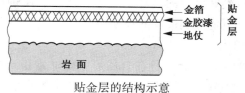

贴金层的结构示意

附在地仗表面）；贴金箔是为了装饰岩石表面（起到包覆岩面，防止其风化等作用）。

②地仗的成分主要是石膏；金胶漆是桐油和大漆混合加颜料朱砂；金箔主要是合金，其中含少量 Ag、Cu，厚度小于 100nm，其中孔隙较多，有时孔隙率的平均值可达 7.85%。另外，在以往贴金层局部被破坏后，进行局部的多次修补，这样又造成了多层贴金层搭接的夹层，留下更多的缝隙和缺陷。再加之贴金层的边缘没有封边，贴金层难以施工的部位也直接暴露在环境中。整个施工程序均为手工操作。

(2) 环境状况

西南地区的气候以大足地区最为典型，大足石刻所处的环境降雨量充沛，平均相对湿度大，故常出现雾天。大气污染严重，主要含 SO_2 和 NO_x 等有害成分，酸雨、酸雾多。日平均温度和平均相对湿度差异较大，易产生干湿交替的环境。总之，是处于湿的大气腐蚀环境。

(3) 腐蚀情况

以大足石刻贴金层造像最多的宝顶山的金身（有贴金层的）千手观音造像的腐蚀破坏为例：目前贴金层存在的破坏主要有脱落（地仗和金胶漆裸露）、分层开裂卷曲、起翘开裂、空鼓等。造像贴金层破坏最严重的区域，一般出现在贴金层边缘未封边区域或贴金层难操作的部位，如手指尖端、手臂底端（见下图）。

手指端贴金层脱落、起翘、开裂　　　　　　　　手臂表面的起鼓

可见：大足石刻贴金层的破坏形式多种多样，腐蚀严重，极大地损害了造像的形象，更危及到造像的长期保存。

(4) 腐蚀破坏的原因

①贴金层中的金箔，金本身在自然界中是非常稳定的元素，不会发生任何腐蚀，但其中含有少量 Ag、Cu 的合金则在污染的湿大气中会发生

Ag、Cu 的选择性腐蚀。由于金箔非常薄且孔隙率又多，使大气中的水、氧等容易渗入到贴金层中的金胶漆中。

②贴金层中的金胶漆，它是一种有机涂层，是为了使金箔能粘附在地仗表面，它在水、氧、光的作用下很容易老化而失效。金胶漆表面变粗糙，产生微小孔洞，大大降低其憎水性能。在有地仗层存在的情况下，由于地仗的吸水膨胀－失水收缩也会使金胶漆的老化加重。

③地仗主要是石膏成分，与岩石的附着力较小，容易与岩石脱离，水分可直接渗入，而金胶漆的老化失效也使水分易渗入地仗，使得在这种干湿交替环境中吸水膨胀－失水收缩现象越严重，造成地仗起鼓、开裂，使相连着的金胶漆层、金箔层随之起鼓、开裂，形成很多的裂缝和孔洞而破坏。

可见，贴金层中的地仗、金胶漆和金箔层各有自己的腐蚀原因和规律，而它们之间又相互影响、相互促进，协同加剧贴金层的破坏，尤其是在未封边贴金层处，水分可以直接渗入，使贴金层的破坏更为严重。

另外，贴金层的破坏，石膏可从开裂的金箔层中凸出并覆盖金箔层的表面，其不规则的表面又会吸聚大量的尘土，腐蚀疏松的表面粘附物更有利于水分的吸附渗透，不但加剧了金箔层的破坏，而且使其表面变暗，也影响了金箔层的外观。

（5）建议

①尽量选择耐蚀性好材料组成贴金层，选择金含量较高的金箔、具有良好耐老化的金胶漆和一种不吸湿的地仗材料。

②精心操作贴金层工序，不要再增加材料的缺陷和导入的结构应力等，贴金层边缘应封边。

③应用保护性涂膜，以封闭贴金层材料缺陷，阻止水、氧等的有害成分的渗入，真正起到保护"贴金层"的作用。

9 "海砂屋"引发的事故

（1）典型案例

①土耳其：1999 年土耳其大地震，有 3 万多人被埋在倒塌的建筑物中。经查，这些倒塌的建筑几乎都掺有海砂，致使所建房屋的 1/6 在这次大地震中倒塌，千人死亡。土耳其的建筑大亨被逮捕。

②韩国："海砂屋"的危害并非地震时才表露出来，平时也能发生突然垮塌的灾难性事故。1995 年韩国的"三丰大厦垮塌事件"导致 501 人被压死。经过查证，滥用海砂是原因之一。此事件导致当时的韩国总

理引咎辞职。

③中国台湾：据 1994 年统计，全台湾可能有多达 30 万～50 万户的海砂屋。其规模之大、涉及之广、影响之深是罕见的，已经成为一个突出的社会问题。1999 年"9·21"大地震中，一批"海砂屋"率先倒塌，即使没有倒塌的也因腐蚀破坏严重成了难以处置的"危房"。正如台湾媒体报道："海砂屋是高危险建筑物，它的存在已经危害到社会大众的安全，这样的房子，总有一天会倒，说不定一个地震、一个台风就不行了，没人知道它是能撑多久。"

④中国深圳：人们熟知的"鹿丹事件"就是使用海砂带来的危害。现在此处的房子十多年就烂了，住也不能住，出租更难，只能拆了重建，重建的费用高达 7 亿元。近期报道，深圳某中心小学两栋教学楼因使用了海砂成为危楼，仅使用了 12 年，学校就面临整体拆除的命运。

⑤中国惠安辋川大桥：1993 年完工通车，由于在钢筋混凝土施工中违规使用了海砂和含有盐分的河水，造成钢筋严重腐蚀，桥梁、桥面板、栏杆均已破坏，无法达到使用要求，而被迫于 2000 年停止使用。

另外在宁波地区、泉州地区许多建筑用沙中滥用海砂均占 50% 以上。

可见，国内至今仍没有根除利用海砂建屋的问题。

(2) 海砂的腐蚀性

海砂含有不等量的氯盐，通常含 Cl^- 在 0.05%～0.2% 之间，有时可高达 1%。由于氯盐溶液导电良好，又含有腐蚀的激发剂 Cl^-，不但普通钢腐蚀严重，而且 Cl^- 能破坏钝化膜，所以对不锈钢也能发生严重局部腐蚀。显然，未处理的海砂是不能直接使用的。用海砂建造的房子，建筑寿命将从原来设计的不低于 50 年会降到 5～15 年，可见使用海砂造房危害极大。

(3) 正确使用海砂意义重大

与一些先进国家相比较，我国建筑的能耗高、资源利用率较低。有报道说，我国的建筑物平均寿命为 30 年，而技术先进的国家，如美国可达 70～120 年，也就是说，我们消耗的能源、资源、人力、财力是别国的 2～4 倍（还同时污染环境），这极不合理，也不合算，也难以达到"可持续发展"的目的。

改革开放以来，空前规模的经济建设，使建筑用砂量大、需求急迫。合理开采利用，把海砂资源转化为经济效益，并弥补陆地资源的不足，服务于经济建设意义重大。

根据有关规定：海砂用于建筑需要事先进行"除盐处理"。对于普通混凝土，海砂 Cl^- 含量应低于 0.06%，对于预应力混凝土一般不推荐使用海砂，不得不用时，海砂 Cl^- 含量也应低于 0.06%，并且严禁不合格的海砂进入建筑工程。

滥用海砂将其害无穷，阻断"海砂屋"是当务之急，也是国家可持续发展的要求，这已经不是一个单纯的技术问题，而是一个社会问题，必须从技术和制度两方面去解决。要加强教育提高认识，完善法律、法规、规范，提高管理水平才能确保工程质量。

值得强调的是，不像天灾（如地震、海啸等）是不可控的因素，而腐蚀或老化在一定的条件下是可控的因素，关键在于人们的意识和重视的程度。

事故的教训：应该使人们更进一步意识到控制腐蚀的重要性和关键作用。

10 核泄漏事故与腐蚀

（1）切尔诺贝利核电站发生的核泄漏事故

1986 年 4 月 26 日发生在乌克兰北部地区的事故是目前历史上损失最为惨重的事故，被称为和平时期人类最大的社会经济灾难。其中 50% 的乌克兰领土被不同程度地污染，超过 20 万人口被疏散并重新安置，有 1700 万人被直接暴露在核辐射之下。与切尔诺贝利核泄漏有关的死亡人数，包括数年后死于癌症者，约有 12.5 万人；相关花费包括清理、安置及对受害者赔偿等总计费用约达 2000 亿美元。

切尔诺贝利核电站发生泄漏事故的现场

事故初起公布为操作失误，后又更改为连接棒设计不当。果真是这样的话，是与引发了磨耗、磨损腐蚀有关而造成的泄漏。

（2）福岛核电站发生的核泄漏事故

2011 年 3 月 11 日，日本东北部地区发发生 9.0 级强烈地震，接着是破坏性的巨大海啸，随之而来的是核电站爆炸引起了核泄漏，又一次震动了整个世界。据报道"曾住关东公司核电站设计师的后藤政志说，可以初步认定，福岛第一核电站 1 号机组发生的放射性物质泄漏事故是核电站抗震能力不足和设备老化所致"。同时指出："一号机组建成 40 多年，是福岛第一核电站中最早完工的，各种设备和管道都已老化，甚至存在锈蚀状况，所以最容易出现问题"。

对于金属制造的设备而言，"老化"主要表现为腐蚀（锈蚀），包括均匀腐蚀和各种局部腐蚀（腐蚀疲劳、应力腐蚀、磨损腐蚀等），同时，辐照脆化、热脆化等。同年 2 月 7 日，东京电力公司和福岛第一原子力发电所完成了一份对福岛一站一号机组的分析报告，指出"这一机组已经服役 40 年，出现了一系列的老化迹象，包括原子炉压力容器的中性子脆化，压力抑制室出现腐蚀，热交换区气体废弃物处理系统出现腐蚀"。基于以上资料，按照后藤先生的判断，除抗震不足之外，老化、锈蚀就是导致这次核泄漏事故的另一个主要因素。

可见，腐蚀的代价巨大，教训惨痛。

结　束　语

金属腐蚀既普遍又严重，它遍及国民经济和国防建设的各领域。由于腐蚀，大量得来不易的有用材料变成废料，造成设备过早失效，生产不能正常运行。不仅消耗了宝贵的资源和能源，造成巨大的直接经济损失，而且还可使产品质量下降，污染并恶化环境，甚至造成突发的灾难性事故，危及人身安全。不仅如此，更为主要的是腐蚀将使新工程、新技术无法实现。当今腐蚀问题已成为影响国民经济和社会可持续发展的一个主要因素。

腐蚀好比材料和设备在"患病"，严重的局部腐蚀犹如是"癌症"，但是腐蚀是可控的。我们要像关注医学、环境保护和减灾一样关注腐蚀问题，为适应新形势，一定要加倍努力学习腐蚀科学的基础知识，提高创新能力，奋力开发腐蚀控制新技术，为最大限度地降低腐蚀的经济损失，为国民经济的腾飞保驾护航。

主要参考文献

[1] 曹楚南编著. 腐蚀电化学（第二版）. 北京：化学工业出版社，2004.

[2] 曹楚南编著. 中国材料的自然环境腐蚀. 北京：化学工业出版社，2005.

[3] 柯伟主编. 中国腐蚀调查报告. 北京：化学工业出版社，2003.

[4] 魏宝明主编. 金属腐蚀理论及应用. 北京：化学工业出版社，2001.

[5] 杨德钧，沈卓身主编. 金属腐蚀学（第二版）. 北京：冶金工业出版社，2003.

[6] 林玉珍，杨德钧编著. 腐蚀和腐蚀控制原理（第二版）. 北京：中国石化出版社，2014.